Beiträge zur Kenntnis des Schleichens der Drehstrom-Asynchronmotoren

---

Dissertation

zur

Erlangung der Würde eines Doktor-Ingenieurs

der

Technischen Hochschule zu Berlin

Vorgelegt am 26. Januar 1918

von

Dipl.-Ing. Erich Wandeberg
aus Riga

Genehmigt am 15. Juli 1921

Springer-Verlag Berlin Heidelberg GmbH 1922

ISBN 978-3-662-24471-5   ISBN 978-3-662-26615-1 (eBook)
DOI 10.1007/978-3-662-26615-1

Referent: Professor Dr.-Ing. M. Kloss,
Korreferent: Geheimer Reg.-Rat Prof. Dr. E. Orlich.

———

Es sei dem Verfasser gestattet, an dieser Stelle Herrn Professor Dr.-Ing. M. Kloss für die in entgegenkommender Weise zur Verfügung gestellten reichen Hilfsmittel des Elektrotechnischen Versuchsfeldes der Technischen Hochschule zu Berlin und das große der Arbeit entgegengebrachte Interesse seinen ergebenen Dank auszusprechen.

———

Inhaltsverzeichnis.

                                                                           Seite

Einleitung 81

I. Die Grundlagen der Schleicherscheinung bei Asynchronmotoren mit Käfiganker.
   A. Das Wesen des Schleichens 83
   B. Die Ursache des Schleichens
      1. Von der Nutung unabhängige Sattelbildungen
         α) Der Einfluß der zeitlichen und räumlichen Oberfelder 86
         β) Die Phasenablösung 88
      2. Von der Nutung abhängige Sattelbildungen
        a) Der Einfluß der Ständernutung 89
        b) Der Einfluß der beiderseitigen Nutenverhältnisse von Ständer und Läufer
           α) Die Entstehung von Zusatzpolen 91
           β) Die Bewegung der Zusatzpole 97

II. Versuche.
   A.
      1. Vorwort zu den Versuchen 99
      2. Versuchsanordnung 99
   B. Versuchsergebnisse.
      a) Das Drehmoment 102
      b) Der Strom 113
      c) Die Differenzspannung 113
      d) Die Flüsse 115

Zusammenfassung und Schluß 123

Verzeichnis der benutzten Literatur 125

Einleitung.

Der Drehstrom-Asynchronmotor zählt zu den weitverbreitetsten Kraftmaschinen. Er hat sich diese Stellung durch eine Reihe ins Gewicht fallender Vorzüge erworben, die kurz erwähnt werden sollen.

Die Übertragung großer Leistungen auf weite Entfernungen ist in technisch und wirtschaftlich einfacher Form durch die Anwendung des Drehstroms gelöst worden. Im synchronen, als auch im asynchronen Drehstrommotor besitzt die Technik zwei vorzügliche Hilfsmittel zur Umwandlung der elektrischen in mechanische Energie. Alle anderen Maschinen, welche an ein Drehstromnetz angeschlossen werden können, gehören mehr oder weniger zu einer der genannten Hauptvertreter dieser beiden Gruppen.

Synchronmotoren können erst nach dem Erreichen völliger Übereinstimmung von Periodenzahl, Phase und Spannung auf das Netz geschaltet werden. Auch ist das Vorhandensein eines Gleichstromnetzes für die Felderregung und das Anlassen der Maschine erforderlich. Nur einigermaßen geschultes Personal vermag den Motor in Betrieb zu setzen. Für kleinere Kraftanlagen, wie sie z. B. in erster Linie den Bedürfnissen des flachen Landes entsprechen, kommt die Synchronmaschine nicht in Betracht. Hier herrscht der Asynchronmotor, der sich durch einfaches Schalten auf das Netz, leer, wie unter voller Last, anfahren läßt. Er stellt eine in der Handhabung einfache Maschine dar, die bei Ausführung des Läufers mit dauernd kurzgeschlossener Wicklung, also ohne Verwendung von Schleifringen, allein funkenfrei arbeitet.

Die ersten Asynchronmotoren wurden gleichzeitig von der Allgemeinen Elektrizitätsgesellschaft Berlin und den Oerlikonwerken gebaut und 1887 auf der Frankfurter Ausstellung vorgeführt. Bereits in den Jahren 1885 und 1886 hatten unabhängig voneinander G. Ferraris und Nicola Tesla einfache kleine Versuchsmaschinen ohne Läuferwicklung hergestellt, ohne jedoch diese der Öffentlichkeit zu zeigen.

Nach der Art der Läuferwicklung unterscheidet man Asynchronmotoren mit Phasen- und solche mit Käfiganker.

Die Enden der einzelnen Phasen der ersten Gruppe können an Schleifringe geführt oder in sich kurzgeschlossen werden. Die Wicklung dieser Maschinen ist im Läufer und im Ständer gleichartig. Die Windungszahlen werden für beide Teile verschieden gewählt, um die EMK des Läufers im Stillstand klein zu halten. Der Läufer gleicht dem Anker einer Synchronmaschine mit Außenpolen.

Wesentlich einfacher ist der Aufbau des Käfigankers, bei dem die Schleifringe fortfallen. In die vorher entsprechend isolierten Nuten des aus Blechen zusammengesetzten Läufers werden Stäbe eingeführt, die durch beiderseitig aufgenietete und verlötete Ringe miteinander verbunden werden. Man hat sich mit dieser einfachen Herstellungsart indessen nicht begnügt und in neuerer Zeit die „Wicklung" durch Eingießen von Aluminium in die Nuten gefertigt. Die schwache Oxydschicht der gegossenen Stäbe isoliert hinreichend gegen Körper.

Kleinere Motoren können leer, wie unter Last durch unmittelbares Anlegen an Spannung in Betrieb gesetzt werden. Größere jedoch erfordern einfache Anlaßvorrichtungen, die ein langsames Erhöhen der Spannung ermöglichen.

Das Gesagte zeigt die Überlegenheit des Drehstromasynchronmotors im allgemeinen und des Motors mit Käfiganker im besonderen. Die Einfachheit der Herstellung und Bedienung bedingen seine weite Verbreitung und immer umfangreichere Anwendung in Industrie, Kleinbetrieb und Landwirtschaft. Den obigen Vorzügen steht eine Verschlechterung des Leistungsfaktors des Netzes gegenüber, die aber in Kauf zu nehmen ist.

Die bauliche Durchbildung des Asynchronmotors mit Käfiganker hat auf eine eigentümliche Erscheinung Rücksicht zu nehmen, die seine Brauchbarkeit völlig in Frage stellen kann: nämlich das Auftreten des „Schleichens".

Das „Schleichen" ist durch eine Störung des Anlaßvorganges gekennzeichnet. Der Läufer kann hierbei eine bestimmte niedrige Umlaufzahl, die weit unter der synchronen liegt, nicht überschreiten, sofern er nicht durch Einwirkung äußerer Kräfte über diesen mit großer Beharrlichkeit festgehaltenen Punkt hinweggebracht wird. Es tritt dabei ein Erzittern und Brummen der ganzen Maschine auf, das zum Lösen der Schraubverbindungen und zur Zerstörung des ganzen Aufbaues führen kann. Die große Schlüpfung bedingt im Läufer große Stromstärken, die unzulässige Erwärmungen zur Folge haben.

So wichtig und lehrreich die Erscheinung des Schleichens ist, so dunkel und schwierig sind dessen Grundlagen. In den einschlägigen Fachschriften sind nur einige wenige Stellen zu finden, welche die „merkwürdige" Erscheinung des Schleichens nebenbei erwähnen. Unserer Kenntnis nach haben in der Literatur Heubach („Der Drehstrommotor", II. Kapitel), Arnold (V. Band, I. Teil, „Die Induktionsmaschinen") und Punga (Elektrotechnik und Maschinenbau, Wien 1912, Heft 49, S. 1017, „Über das Anlassen von Drehstrommotoren. Spezielle Erscheinungen beim Anlassen") dieses Gebiet näher behandelt[1]). Der erstere teilt einige Beobach-

---

[1]) Vorliegende Arbeit wurde im Januar 1918 der Technischen Hochschule Berlin überreicht. 1919 erschien die Arbeit „Experimentelle Untersuchung der Drehmomentenverhältnisse von Drehstrom-Asynchronmotoren mit Kurzschlußrotoren verschiedener Stabzahl" von W. Stiel als Heft 212 der Forschungsarbeiten auf dem Gebiete des Ingenieurwesens, herausgegeben vom V. D. I. Stiel bespricht die bekannten Arbeiten auf diesem Gebiet von Arnold, Heubach, Punga und Rey und versucht an Hand einer größeren Reihe beim Anlassen bzw. Festbremsen aufgenommener Drehmomentenlinien die Bildung von Satteln in der Drehmomentenlinie auf das Vorhandensein des Ständer-Zahnfeldes zurückzuführen. Die Arbeit enthält wertvollen Beobachtungsstoff. Ihr Erscheinen ist daher sehr zu begrüßen. Eine vollständige Lösung der Frage der Entstehung der einzelnen Sattel oder des Schleichens ist ihr jedoch nicht gelungen.

tungen über Schleicherscheinungen mit, während Arnold den Grundlagen nachgeht. Die neuesten Untersuchungen stammen von Punga und befassen sich mit diesem Stoff schon eingehender, wenn auch ihnen eine Lösung der Frage noch nicht gelungen ist.

Professor Kloss hat die Erscheinung des Schleichens einer eingehenden Untersuchung unterzogen und die Ergebnisse dieser Arbeiten zum Teil in seinen Vorlesungen für Elektromaschinenbau an der Technischen Hochschule zu Berlin, zum Teil in einer kurzen Veröffentlichung im „Archiv für Elektrotechnik", Jahrgang 1916, Bd. 5, Heft 3, bekanntgegeben. Seine Forschungen haben dem Verfasser vorliegender Abhandlung die erste Anregung zur Bearbeitung dieses Stoffes gegeben. Es soll im folgenden nach kurzer Streifung der Arnoldschen Theorien im Anschluß an die Kloss'schen Betrachtungen versucht werden, die Bedingungen, unter denen das Schleichen auftritt, eingehender zu behandeln und an Hand einiger Meßreihen zu erläutern.

1. Die Grundlagen der Schleicherscheinung bei Asynchronmotoren mit Käfiganker.

A. Das Wesen des Schleichens.

Die Wechselstrommaschinen werden in synchrone und asynchrone unterschieden.

Synchronmotoren laufen bis zu einer Höchstgrenze der Belastung mit gleichbleibender, synchroner Drehzahl. Erst, wenn die Belastung eine bestimmte Größe überschreitet, fällt der Motor außer Tritt und kommt zum Stillstand.

Asynchronmotoren laufen nur unbelastet angenähert synchron mit dem Netz. Schon bei verhältnismäßig geringer Belastung nimmt die Umlaufzahl ab. Dieses Zurückbleiben der Motordrehzahl hinter der des Netzes wird als Schlüpfung bezeichnet. Mathematisch ist unter Schlüpfung zu verstehen das Verhältnis der hinter dem Synchronismus zurückgebliebenen, „geschlüpften" Drehzahl zur synchronen Drehzahl. Es ist also

$$s = \frac{n_1 - n}{n_1},$$

wenn n_1 die Netz- oder synchrone Drehzahl und n die jeweilige Läufer-Umlaufzahl darstellt. Im Synchronismus ist die Schlüpfung $s = 0$ und im Stillstand $s = 1$. Die Stillstandschlüpfung wird oft gleich 100 vH gesetzt, um für die einzelnen Schlüpfungen handliche ganze Zahlen zu erhalten. Wird ein Asynchronmotor über eine bestimmte Grenze hinaus belastet, so bleibt auch er stehen. Man bezeichnet die Schlüpfung, bei der diese Erscheinung eintritt, als Abfallschlüpfung. Das Abfallen des Motors nach Überschreiten der Abfallschlüpfung wird dadurch verursacht, daß das Motordrehmoment mit wachsender Abbremsung der Motorwelle nicht mehr zunimmt, sondern kleiner wird. Das höchste Drehmoment heißt auch Kippmoment.

Nach der rechnerischen Ermittlung des primären ideellen Kurzschlußstromes J_{k_i}, des Magnetisierungsstromes J_μ und der Eisenverluste bei Leerlauf, ferner der primären und sekundären Kupferwiderstände läßt sich unter Zuhilfenahme des Heylandkreises die Drehmomentenlinie, d. h. das Drehmoment in Abhängigkeit von der Schlüpfung s bzw. der Umlaufzahl n, bildlich darstellen. Bei der versuchsmäßigen Ermittlung der für die Aufstellung des Heylandkreises erforderlichen Werte tritt an Stelle des ideellen Kurzschlußstromes der wirkliche primäre Kurzschlußstrom J_{k_1} mit dem zugehörigen Leistungsfaktor $\cos \varphi_{k_1}$.

In Fig. 1 ist die volle rechnerisch ermittelte Drehmomentenlinie eines Drehstromasynchronmotors dargestellt. Mit M_d' möge das im Luftspalt auftretende Drehmoment benannt werden, gegenüber dem rechnerischen Nutzdrehmoment M_d, welches an der Welle meßbar ist. M_d ist um das Reibungsmoment M_r kleiner als M_d'.

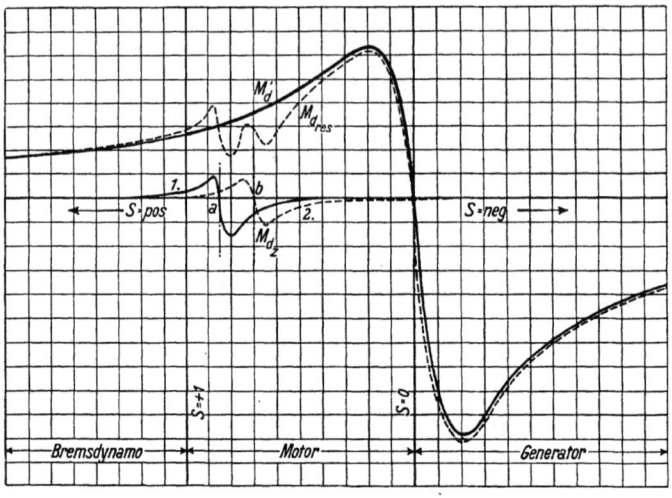

Fig. 1.

Bei Synchronismus ($s = 0$) ist M_d' in einer ideellen, störungsfreien Maschine gleich Null, um bei steigender Schlüpfung rasch bis zu einem Höchstwert, dem Kippdrehmoment, zuzunehmen („stabiler" Teil der Drehmomentenlinie). Die Größe dieses Kippmomentes $M_{d_{\max}}'$ ist unabhängig vom Läuferwiderstand r_2. Es ändert seine Größe im umgekehrten Sinne wie der Primärwiderstand r_1 und die Streuungen im Ständer und Läufer. Die drei letztgenannten wirken auf Schwächung des Läufer- oder Nutzflusses Φ_2 hin und erzielen dadurch die Erzeugung einer kleineren EMK im Läufer und, da mit der EMK der Läuferstrom I_2 abnimmt, auch eines kleineren M_d'. Die Drehmomentenlinie muß also niedriger liegen. Dagegen kann bei größer werdendem r_2 vom Motor ein gleichgroßes Drehmoment erzeugt werden, wenn, wie die Gleichung

$$M_d' = \text{prop.} \cdot (\Phi_2 \cdot J_2) \tag{1}$$

erkennen läßt, das Produkt aus Nutzfluß und Läuferstrom konstant bleibt. Diese Bedingung kann unter Vergrößerung der Schlüpfung erfüllt werden. Es wird hierbei im Läufer eine höhere EMK induziert, welche das Zustandekommen des erforderlichen Stromes ermöglicht. Der Läuferwiderstand ist hiernach ohne Einfluß auf die Größe des M_d', ändert aber die zugehörige Schlüpfung.

Ist das höchste Drehmoment erreicht, so nimmt bei steigendem s das Drehmoment wieder ab („labiler" Teil der Drehmomentenlinie), um bei Stillstand ($s = 1$) einen bestimmten positiven Wert zu erreichen. (Hierzu sei nebenbei bemerkt, daß beim Einphasenmotor für $s = 1$ $M_d' = 0$ wird, unter welchen Umständen ein Anlauf des Einphasenmotors ohne Hilfseinrichtung [Kunstphase, Anwurfmotor] unmöglich ist.)

Wird die positive Schlüpfung $s > 1$, so nähert sich M_d' asymptotisch dem Wert Null. In diesem Wirkungsbereich muß der Läufer unter mechanischer Arbeitszuführung von außen gegen das Drehfeld bewegt werden. Der Motor wirkt als Bremse; man bezeichnet ihn daher in diesem Bereich als Bremsdynamo. Praktisch ist dieser Zustand bei Käfigankermotoren bedeutungslos, da er infolge der eintretenden hohen Erwärmungen hier keine Anwendung findet.

Treibt man dagegen den Läufer von außen übersynchron an, ist also $s < 0$, d. h. negativ geworden, so kann die Maschine Leistung an das Netz abgeben und ist dann als Generator tätig. Hierbei muß das Netz gleichzeitig von einer Synchronmaschine gespeist werden, die als „Takthalter" den für die Erregung des Asynchronmotors erforderlichen Blindstrom zu liefern hat. Das Drehmoment ist negativ. Die Gestalt der Drehmomentenlinie ist ähnlich dem um den Synchronismus-Nullpunkt in der Bildebene um 180° gedrehten positiven Ast. Die Abmessungen sind andere; der negative Höchstwert des Drehmomentes $-M'_{d_{\max}}$ ist dem absoluten Werte nach größer als der positive.

Im vorliegenden Falle lenkt das Gebiet der Drehmomentenlinie, in welchem die Maschine als Motor läuft, besondere Aufmerksamkeit auf sich. Es wird begrenzt durch $s = 1$ und $s = 0$. Dieser Teil wurde in der Fig. 1 durch eine stärkere Linienführung besonders kenntlich gemacht.

Wird eine im stabilen Arbeitsbereich laufende Asynchronmaschine innerhalb der zulässigen Grenze stärker belastet, so nimmt unter Schlüpfungserhöhung die Größe des Drehmomentes zu und die Maschine läuft unter neuen Gleichgewichtsbedingungen weiter.

Ist das Belastungsmoment größer als das Anlaufmoment (im Stillstand), so kommt der Motor überhaupt nicht zum Anlaufen. Wird das Belastungsmoment während des Anlaufens im labilen Bereich der Drehmomentenlinie plötzlich über das jeweilige Motordrehmoment erhöht, so muß der Motor wieder zum Stillstand kommen, da hier mit steigender Schlüpfung eine Erhöhung des Motordrehmomentes nicht stattfindet. Nur dann, wenn das Belastungsmoment in diesem Teil stets kleiner als das Motordrehmoment ist, kann ein Anlauf stattfinden.

Durch besondere Kunstgriffe ist es möglich, auch im labilen Teil einen Gleichgewichtszustand zu schaffen. Man braucht nur den Versuchsmotor mit einer solchen Maschine zu kuppeln, deren Verbrauchsdrehmomentenlinie einen steileren Verlauf als das erzeugte Drehmoment hat. Diese Bedingungen werden z. B. vom Ventilator und von der Gleichstromnebenschlußmaschine erfüllt.

Während allgemein betrachtet ein Asynchronmotor ohne Hilfsmittel im labilen Teil nicht dauernd zu laufen vermag, wird doch bei Motoren mit Käfiganker manchmal außer der angenähert synchronen noch eine weitere ganz geringe stabile Drehzahl beobachtet. Bei geschickter Wahl des Bremsmomentes und äußerem Antrieb der Maschinen über die zuerst beobachtete stabile Umlaufzahl hinaus kann gelegentlich sogar noch ein zweiter und dritter ähnlicher Punkt festgestellt werden. Diese Erscheinung des anormalen stabilen Laufes bei einer verhältnismäßig kleinen Umlaufzahl nennt man das „Schleichen".

Da ein stabiler Lauf bei annähernd gleichbleibendem Belastungsmoment nur dann möglich ist, wenn bei zunehmender Schlüpfung ein Steigen der Drehmomentenlinie stattfindet, so muß an den Schleichstellen in der Drehmomentenlinie ein Wendepunkt bzw. eine Sattelbildung vorliegen, die durch den Heylandkreis unberücksichtigt bleibt und durch zusätzliche Drehmomente verursacht wird.

In der Fig. 1 sind zwei zusätzliche Drehmomentenlinien (M_{d_z}-Linien) dargestellt.

Die ausgezogene zeigt die Eigentümlichkeit einer Drehstrom-, die gestrichelte die einer Einphasen-Drehmomentenlinie. Beide Arten können bei ein und demselben Motor gleichzeitig auftreten. In a und b befindet sich der Motor mit den erzeugenden Zusatzfeldern in Synchronismus. Die algebraische Addition der Hauptlinie mit den zusätzlichen ergibt bei Berücksichtigung der Momentenverluste durch Luft- und Lagerreibung die gestrichelte (resultierende) Linie Md_{res}. Sie weist im Beispiel zwei Sattelbildungen auf. Diese können bei genügender Größe sogar die Abszissenachse in mindestens zwei Punkten schneiden. Der Motor muß in diesem Falle nach dem Überschreiten des ersten dieser Punkte zeitweise als Generator laufen und kann nur dann weiter unter üblichen Verhältnissen auf Geschwindigkeit kommen, wenn man ihn von außen soweit beschleunigt, daß er bei kleinerer Schlüpfung wieder in das Gebiet der positiven Drehmomente kommt. Ein Schleichen kann schon früher eintreten; es braucht das zusätzliche negative Drehmoment nur so groß zu sein, daß das resultierende Md_{res} kleiner wird als das Widerstandsmoment des anlaufenden Motors, das sich aus Belastungs- und Reibungsmomenten zusammensetzt. Kommen die synchronen Punkte eines großen und eines kleinen zusätzlichen Drehmomentes sehr nahe aneinander zu liegen, so kann ihre Addition mit einer steil verlaufenden Hauptmomentenlinie eine resultierende Linie ergeben, die, wie das die Fig. 1 erkennen läßt, einen verwischten Charakter aufweist. Die Untersuchung einer so entstandenen Drehmomentenlinie ist schwierig. Die Zahl der Sattel und deren synchrone Umlaufzahl kann nicht genau bestimmt werden. Messung und Rechnung weisen scheinbare Abweichungen auf, die sich nicht zu widersprechen brauchen.

Die Erscheinung des Schleichens kann nur bei Motoren mit Käfigankern auftreten. Nur in dessen Stäben können induzierte zusätzliche EMKe einen Ausgleich finden und dadurch, wie später gezeigt werden wird, die zur Bildung zusätzlicher Drehmomente erforderlichen zusätzlichen Ströme entstehen. Jeder Stab kann unabhängig von allen anderen Stäben von mehreren übergelagerten Strömen durchflossen werden, die beliebig nach Größe, Phase und Frequenz veränderlich sind. Dagegen werden im Phasenanker die in den Leitern induzierten zusätzlichen EMKe infolge der zwangsweisen Hintereinanderschaltung der Stäbe gegenseitig restlos aufgehoben. Sie können somit nicht den für die Bildung zusätzlicher Drehmomente erforderlichen zusätzlichen Strom hervorrufen, so daß ein Schleichen nicht eintreten kann.

In den nächsten Abschnitten soll versucht werden, die verschiedenen Ursachen zu behandeln, die in der Drehmomentenlinie zu Sattelbildungen führen können.

B. Die Ursachen des Schleichens.
1. Von der Nutung unabhängige Sattelbildungen.

α) Der Einfluß der zeitlichen und räumlichen Oberfelder. Das theoretische Verhalten der Asynchronmotoren kann für deren gesamtes Arbeitsgebiet zeichnerisch aus dem Heylandkreis ermittelt werden. Dieser gilt streng nur für sinusförmig veränderliche Spannungen, Ströme und Flüsse. In der Praxis kann ohne weiteres auch in der sonst als störungsfrei angenommenen Maschine mit Abweichungen im Verlauf des Drehmomentes vom theoretisch ermittelten gerechnet werden, denn kein Netz ist in der Lage, ihr eine reine sinusförmige Spannung aufzudrücken.

Die aufgedrückte, nichtsinusförmige Spannung kann in eine Grundwelle und eine Reihe Oberwellen zerlegt gedacht werden. Diese Oberwellen erzeugen im Asynchronmotor zeitliche Oberfelder, die sich in gleicher oder gegenläufiger Richtung mit dem Grund- oder Hauptfelde bewegen. Ihre Geschwindigkeit hängt von der Ordnung der Oberwelle ab. Berücksichtigt man, daß zur Speisung neuzeitlicher Mehrphasennetze fast ausschließlich dreiphasige Drehstromgeneratoren Verwendung finden, deren Phasen zur Vermeidung von Ankerausgleichströmen 3., 9. usw. Ordnungen in Stern geschaltet sind und daß Unsymmetrien in der Spannungslinie durch den Aufbau der Maschine vermieden werden, so läßt sich die Ordnung c der möglichen zeitlichen Oberwellen aus der Gleichung

$$c = (2xm \pm 1) \qquad (2)$$

bestimmen. Hierin bedeutet m die Zahl der Motorphasen und x eine beliebige positive ganze Zahl.

Die Grundwelle des Drehfeldes legt während einer Periode den Weg einer doppelten Polteilung gleich $2\tau_p$ zurück. Hat die Maschine $2p$ Polpaare, so wird die Grundwelle des Feldes bei einer Frequenz von ν_1 Perioden in der Sekunde mit der minutlichen Drehzahl n_1 umlaufen. Es ist:

$$n_1 = \frac{60 \cdot \nu_1}{p}. \qquad (3)$$

Bewegt sich der Läufer mit einer, der Grundwelle des Drehfeldes gleichen Geschwindigkeit, so befindet er sich mit demselben in Synchronismus und es können in den Läuferstäben keine von der Grundwelle abhängigen EMKe induziert werden. Da dann im Läufer auch keine Ströme fließen, so wird nach Gleichung (1) das Drehmoment gleich Null.

Auch die von den höheren Harmonischen der aufgedrückten Spannung hervorgerufenen Oberwellen des Drehfeldes erzeugen im Läufer Ströme, und zwar sind auch diese so gerichtet, daß sie auf die Oberfelder selbst schwächend einwirken. Bewegt sich der Läufer mit den schneller als das Grundfeld umlaufenden zeitlichen Oberfeldern synchron, so erzeugen diese keine Läuferströme und keine zusätzlichen Drehmomente.

Die größten Beträge erreicht ein Drehmoment in Nähe der synchronen Bewegung von Läufer und Feld. Für die im gleichen Sinne mit dem Hauptfelde laufenden Oberfelder ist die synchrone minutliche Umlaufzahl des Läufers

$$n_c = \frac{60 \cdot (\nu_1 \cdot c)}{p} = n_1 \cdot c \qquad (4)$$

und für die gegenläufigen

$$n_c = \frac{60 \cdot (\nu_1 \cdot c)}{p} - n_1 = n_1 \cdot (c-1). \qquad (5)$$

Diese Punkte liegen für die behandelten Zusatzmomente zu weit außerhalb des praktischen Arbeitsgebietes, um für gewöhnlich noch einen entscheidenden Einfluß auf den Gang des Motors ausüben zu können. Bei stark ausgeprägten zeitlichen Oberfeldern kann aber durch diese eine im Stillstand und Synchronismus doch noch merkliche Verschiebung des Luftspalt-Drehmomentes je nach Richtung der Oberfeldbewegung nach oben oder unten bewirkt werden. Ein sonst schon schwach zum Schleichen neigender Motor kann dann durch Verringerung des nutzbaren Drehmomentes vollends zum Schleichen gebracht werden.

Die Form der zeitlichen Oberfeld-Zusatzdrehmomentenlinie wird im Drehstrommotor derjenigen eines Drehstrommotors entsprechen, d. h. es wird bei der auf das Oberfeld bezogenen Schlüpfung $s_c = 1$ das zusätzliche Drehmoment einen bestimmten positiven Wert haben.

Neben den betrachteten zeitlichen Oberfeldern treten im Luftspalt noch räumliche Oberfelder auf. Ihre Entstehung kann auf die Abflachung des Feldes zurückgeführt werden. Diese Abflachung entsteht besonders in stark gesättigten Maschinen infolge der verschiedenen örtlichen Leitfähigkeit des magnetischen Kraftlinienweges der Zähneschicht. Die so entstandene Feldlinie läßt sich wieder in ein Grundfeld und eine Reihe Oberfelder zerlegen. Die örtlichen Oberfelder unterscheiden sich aber von den zeitlichen durch ihre stets synchrone Bewegung mit dem Grundfelde. Ihr Vorhandensein ist daher ohne Bedeutung für die Drehmomentenbildung.

Den hier geschilderten Unterschied zwischen zeitlichen und räumlichen Oberfeldern hat Arnold in seinem Werk „Die Induktionsmaschinen" noch nicht streng durchgeführt. Kloss hat in seinen Vorlesungen als erster auf die grundverschiedenen Eigenschaften der zeitlichen und örtlichen Oberfelder besonders hingewiesen.

β) Die Phasenablösung. Das in Drehstrommotoren umlaufende Hauptdrehfeld ist seiner Größe und Form nach nicht konstant, sondern periodischen Schwankungen unterworfen, deren Größe in erster Linie von der Phasenzahl m_1 und im geringeren Maße von der Zahnung in Ständer und Läufer abhängt. Die Frequenz dieser Schwankungen ist durch die Phasenzahl des Ständers und die Netzfrequenz festgelegt.

Führt im Dreiphasenmotor die Phase „1" den Höchstwert des Stromes $J_{1_{max}}$, so führen nach dem Sinusgesetz im gleichen Augenblick die in der Drehrichtung räumlich folgenden Phasen „3" und „2" den Strom $0.5 J_{1_{max}}$. Das Feld entspricht dem in Fig. 2 dargestellten, später erläuterten Treppendiagramm, dessen Form einem Fünfeck ähnelt.

Nachdem der Strom in Phase „1" den Wert 1 erreicht hat, nimmt er wieder ab. Gleichzeitig wächst der Strom in Phase „3", wogegen er in Phase „2" allmählich auf Null sinkt. Im Augenblick seines Durchganges durch Null beträgt die Größe der Ströme in den Phasen „3" und „1" je 0,866 des Höchstwertes. Das Feld weist jetzt die in Fig. 3 dargestellte Trapezform auf.

Nach Verlauf der Zeit des sechsten Teiles einer Grundperiode hat nun der Strom in Phase „3" den Wert 1 erreicht; die Ströme in den Phasen „2" und „1" betragen je $0.5 J_{1_{max}}$. Die Form des Feldes ist mit der zuerst betrachteten identisch. Es hat jedoch eine räumliche Verschiebung des Hauptfeldes um die Breite einer Spulenseite, entsprechend q_1 Nuten (q_1 = Zahl der Ständernuten pro Pol und Phase) stattgefunden.

Die notwendige Folge der wechselnden Feldform sind Schwankungen des Feldes, die auf die Läuferwicklung in ähnlicher Weise wie Oberfelder wirken. Da nach je q_1 Nuten immer wieder die gleiche Form des Hauptfeldes entsteht, so besitzt das Oberfeld an diesen Stellen immer das gleiche Vorzeichen und die gleiche Größe. Es entspricht somit die Breite einer Spulenseite einem vollen Wechsel des Oberfeldes. Die Ordnung des Oberfeldes ergibt sich aus der innerhalb einer doppelten Hauptpolteilung liegenden Anzahl primärer Spulenseiten $2 m_1$.

Aus dieser Beziehung läßt sich eine Art Synchronismus zweiten Grades durch folgende Betrachtung ableiten.

Bei streng synchroner Bewegung von Läufer und Feld befinden sich beide stets in der gleichen relativen Lage zueinander. Eine Art Synchronismus zweiten Grades wird nun gebildet, wenn diese Gleichheit der gegenseitigen relativen Lage gleichzeitig sowohl für das Haupt- als auch für das vorerwähnte Oberfeld nach vorübergehender Unterbrechung periodisch wiederkehrt. Diese Bedingung wird erfüllt, wenn in der Zeit, in welcher der Läufer an einer Spulenseite vorübergleitet, das Hauptfeld außer der (einer Netzperiode entsprechenden) doppelten Polteilung, d. h. $2\tau_p = 2m_1$ Spulenseiten, ebenfalls noch die vom Läufer überwundene Strecke einer Spulenseite zurücklegt. (Erfüllt wird sie übrigens auch, wenn am gleichen Ort nach zwei und mehr Netzperioden ein Zusammentreffen im dargestellten Sinne erfolgt. Da hierbei die Zeiten des reinen, ununterbrochenen synchronen Laufes und dessen Wirkungen abnehmen, so können die weiteren Fälle unberücksichtigt bleiben.) Da hiernach die in gleichen Zeiten zurückgelegten Wege für Hauptfeld und Läufer sich verhalten wie $\dfrac{2m_1+1}{1}$, so ergibt sich hieraus die „Satteldrehzahl der Phasenablösung" zu

$$n_{sPh} = \frac{n_1}{2m_1+1}, \tag{6}$$

bei der Synchronismus zwischen Anker und Zusatzfeld vorhanden ist. In der Drehmomentenlinie wird hierbei durch Hinzukommen zusätzlicher Momente eine Sattelbildung entstehen.

Beim Dreiphasenmotor wird unabhängig von allen Konstruktionseinzelheiten stets bei

$$n_{sPh} = \frac{n_1}{2 \cdot 3 + 1} = \frac{n_1}{7} \tag{7}$$

eine Sattlung vorhanden sein müssen.

2. Von der Nutung abhängige Sattelbildungen.

a) Der Einfluß der Ständernutung.

Die magnetische Leitfähigkeit der Zähneschicht ist nicht an allen Stellen gleich groß, sondern wiederkehrenden, von den Abmessungen der Zähne und Nuten abhängigen Schwankungen unterworfen.

Bei den folgenden Überlegungen soll von der hier zu vernachlässigenden, verzerrenden Wirkung der Läuferzahnung abgesehen werden.

Infolge der örtlich wechselnden magnetischen Leitfähigkeit drängen sich die Kraftlinien an den Ständerzähnen zusammen und entlasten die Ständernuten und den vor ihnen liegenden Teil des Luftspaltes, so daß in der Feldlinie Einsattlungen entstehen. Je größer die örtliche Sättigung ist, desto größer werden die absoluten Störungen der Luftspaltfeldlinie.

Das Luftspaltfeld kann in der üblichen Weise in ein Grund- und ein Zusatzfeld — letzteres „Ständerzahnfeld" genannt — zerlegt gedacht werden. Das Zahnfeld ist ein räumlich feststehendes, mit der Netzfrequenz ν_1 pulsierendes Wechselfeld. Es unterscheidet sich jedoch grundsätzlich dadurch von einem gewöhnlichen Wechselfeld, daß seine Wellen nicht in gleicher Phase schwingen, sondern untereinander eine Phasenverschiebung aufweisen. Die Phasenverschiebung hängt von dem elektrischen Winkel der räumlichen Anordnung der zugehörigen Ständerzähne ab. Jeder Ständerzahn bildet einen Zusatzpol, jede Ständernut einen Zusatzgegenpol. Die doppelte Polteilung des Zusatzfeldes ist somit gleich der Zahnteilung τ_{n_1}. Hieraus ergibt sich die Gesamtzahl der über den ganzen Maschinenumfang verteilten Zusatzpolpaare zu

$$Z_1 = 2\,p \cdot q_1 \cdot m_1, \qquad (8)$$

worin Z_1 die Zähnezahl im Ständer bedeutet.

Würde das Ständerzahnfeld ein gewöhnliches Wechselfeld sein, so müßte der Läufer sich zu diesem Felde in Synchronismus befinden, wenn er während der Dauer einer Netzperiode die Strecke τ_{n_1} zurücklegt. Das Hauptfeld legt in der gleichen Zeit

$$t' = \frac{1}{\nu_1} = \frac{60}{n_1\,p} \qquad (9)$$

die Strecke einer doppelten Hauptpolteilung gleich $\dfrac{Z_1}{p} = 2\,q_1 \cdot m_1$ zurück. Es befindet sich wieder in der gleichen räumlichen Lage wie vor der betrachteten Bewegung. Bedingung für den Synchronismuszustand ist jedoch gemäß den auf Seite 89 entwickelten Gedanken, daß jeder Läuferpunkt wieder in die alte gegenseitige Lage zum Zusatzfeld kommt. Es muß unbedingt wieder ein gleichgestaltetes Zusatzfeld der betrachteten Stelle gegenüberstehen. Diese Bedingung wird nur dann erfüllt, wenn das Hauptfeld in der gleichen Zeit außer der doppelten Polteilung noch die vom Läufer zurückgelegte Strecke τ_{n_1} überwindet. Es muß das Hauptfeld die Strecke $(2 \cdot q_1 \cdot m_1 + 1) \cdot \tau_{n_1}$ zurücklegen, während der Läufer eine Bewegung über nur eine Zahnteilung τ_{n_1} vollführt. Es bewegt sich demnach der Läufer $(2 \cdot q_1 \cdot m_1 + 1)$ mal langsamer als das mit $n_1 = \dfrac{\nu_1 \cdot 60}{p}$ Umdr. i. d. M. umlaufende Hauptfeld.

Hieraus ergibt sich die „Ständersatteldrehzahl", d. h. diejenige Drehzahl, bei der in der Drehmomentenlinie ein vom Ständerzahnfeld abhängiger Sattel entsteht, zu

$$n_{ss} = \frac{n_1}{2 \cdot q_1 \cdot m_1 + 1}{}^1). \qquad (10)$$

Für die übliche Dreiphasen-Dreilochwicklung kann nach Gleichung (10) ein Sattel bei etwa $n_{ss} = \dfrac{n_1}{2 \cdot 3 \cdot 3 + 1} = \dfrac{n_1}{19}$ erwartet werden. Wie die später beschriebenen Versuchsergebnisse zeigen, konnte nur an einem der drei untersuchten Motorzusammenstellungen (L. I.) ein derartiger Sattel beobachtet werden. Dieser wies jedoch infolge weiterer Einflüsse eine bedeutende Größe auf. Hiernach scheint das Ständerzahnfeld allein keinen großen Einfluß auf die Verzerrung der Drehmomentenlinie auszuüben.

Zu einem etwas abweichenden Ergebnis kommt Kloss.

Kloss betrachtet jeden Ständerzahn als kleinen Pol, der ein dem Hauptfeld übergelagertes Zusatzfeld erzeugt. Für dieses Feld ist $\tau_p = \tau_{n_1}$. Synchronismus besteht, wenn während der Dauer einer Periode $t_1 = \dfrac{1}{\nu_1} = \dfrac{60}{p \cdot n_1}$ der Läufer die doppelte Strecke τ_{n_1} zurücklegt. Die hierbei auftretende Geschwindigkeit bedingt

---

[1] Stiel findet für sein „Nutungsmoment" die Synchrondrehzahl zu $n_p' = \dfrac{60 \cdot \nu_1}{p \cdot (n_1 + 1)}$, worin n_1 die über $2\,\tau_p$ verteilte Ständerzähnezahl bedeutet. Setzt man $n_1 = 2 \cdot q_1 \cdot m_1$ in obige Gleichung ein, so erhält man den gleichen Wert für die Synchronzahl des Nutungsmomentes, wie er in Gleichung (10) für die Ständersatteldrehzahl abgeleitet wird.

nach Kloss eine „erste Ständersatteldrehzahl", die mit n_{ss_1k} bezeichnet werden möge. Der Weg einer Läuferumdrehung ist gleich $Z_1 \cdot \tau_{n_1}$. Die vom Läufer in einer Sekunde zurückgelegte Strecke ergibt sich zu $\frac{n_{ss_1k}}{60} \cdot Z_1 \cdot \tau_{n_1}$. Während einer Periode beträgt der zurückgelegte Weg $\frac{n_{ss_1k}}{60} \cdot Z_1 \cdot \tau_{n_1} \cdot \frac{60}{p \cdot n_1} = 2\,\tau_{n_1}$, woraus

$$n_{ss_1k} = \frac{2p \cdot n_1}{Z_1} = \frac{n_1}{m_1 \cdot q_1}$$

wird.

Für den Dreiphasenmotor mit Dreilochwicklung ergibt diese Gleichung eine erste Ständersatteldrehzahl $n_{ss_1k} = \frac{n_1}{3 \cdot 3} = \frac{n_1}{9}$.

Wird zum anderen mal jeder Ständerzahn als Pol und jede Ständernut als Gegenpol eines weiteren, gleichfalls mit der Netzfrequenz schwingenden Zusatzfeldes betrachtet, so ergibt sich in ähnlicher Weise, wie oben abgeleitet, eine „zweite Ständersatteldrehzahl":

$$n_{ss_2k} = \frac{n_1}{2 \cdot q_1 \cdot m_1}.$$

Hierin wie früher $q_1 = 3$ und $m_1 = 3$ eingesetzt, ergibt $n_{ss_2k} = \frac{n_1}{2 \cdot 3 \cdot 3} = \frac{n_1}{18}$, welcher Wert fast mit dem des Verfassers zusammenfällt.

Zum gleichen Ergebnis für die Synchrondrehzahl $\frac{n_1}{2 \cdot q_1 \cdot m_1}$ des vom Ständerzahnfeld erzeugten Zusatzmomentes kommt auch Punga. (E. u. M. 1912 S. 1017.)

b) Einfluß der beiderseitigen Nutenverhältnisse von Ständer und Läufer.

α) Die Entstehung von Zusatzpolen. Die folgenden Untersuchungen setzen einen sinusförmigen Verlauf der Spannungen und damit auch der Kraftflüsse voraus. Das Eisen hat als sättigungsfrei zu gelten.

Während der Bewegung des Läufers ändert sich dauernd die gegenseitige Lage der Ständer- und Läufernutung. Als besonders bemerkenswert können zwei Augenblicksfälle herausgegriffen werden:

I. Es steht in der neutralen Ständerzone des AW-Druckdiagrammes eine Läufernut.
II. Es steht in der neutralen Ständerzone des AW-Druckdiagrammes ein Läuferzahn.

Diese beiden Fälle müssen weiter je nach der Größe der Augenblickswerte des Ständerstromes unter zwei Grenzbedingungen untersucht werden:

a) der Strom einer Phase weist seinen zeitlichen Höchstwert auf,
b) der Strom einer Phase ist gleich Null.

Aus dieser Zusammenstellung geht hervor, daß vier Untersuchungen Ia und Ib bzw. IIa und IIb erfolgen müssen.

Bei synchroner Bewegung des Läufers mit dem Hauptfelde steht dauernd ein bestimmter Teil des Läufers, z. B. ein Zahn, in der neutralen Zone.

Während eines von Synchronismus verschiedenen Laufes findet ein stetiger Wechsel zwischen den vier bemerkenswerten Zuständen statt. In jedem Augenblick sucht die Maschine durch ein anderes Verhalten den wechselnden Bedingungen

Genüge zu leisten. Für das betriebsmäßige Verhalten ist jedoch der aus den Einzeluntersuchungen ermittelte Mittelwert maßgebend.

Untersuchung I a.

In der Fig. 2 ist die Anzahl der primären Nuten pro Pol und Phase q_1 gleich 3, die primäre Nutenzahl $Z_1 = 36$ und die sekundäre $Z_2 = 40$ gewählt. Die eine Ständerphase führt den zeitlichen Höchstwert des Stromes. Für den Ständer sei über $2\tau_p$ das Treppendiagramm gezeichnet, dessen Fläche proportional dem Hauptflusse ist.

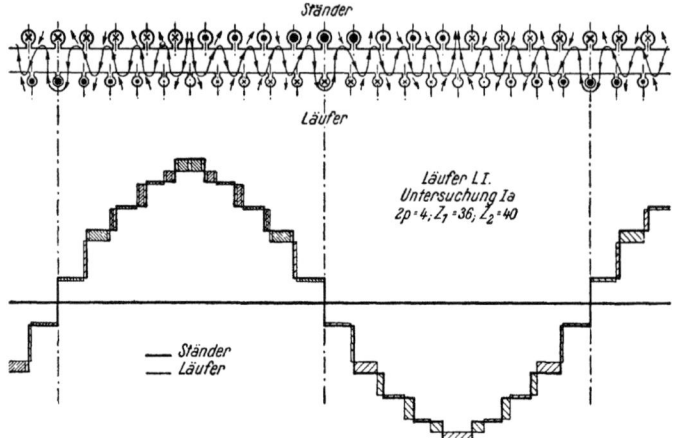

Fig. 2. Treppendiagramm für den Läufer L. I. Untersuchung I a.
$2p = 4; Z_1 = 36; Z_2 = 40$.

Die Form des Treppendiagramms ist identisch mit der Form der idealen Feldlinie. Die neutrale Zone geht durch die Mitte der Spulenseite, welche den höchsten Strom führt.

Steht der neutralen Ständernut eine Läufernut gegenüber, so wird in dieser auch der höchste zeitliche Läuferstrom $J_{2_{max}}$ fließen. Die Größe der Durchflutung (Strom mal Stäbe z_2) dieser Nut ergibt sich aus der Gleichung:

$$(J_{2_{max}} \cdot z_2) = \frac{J_{1_{max}} \cdot z_1 \cdot Z_1}{Z_2}. \tag{11}$$

Die Durchflutung der anderen Läufernuten ändert sich mit dem Sinus des elektrischen Winkels ihrer räumlichen Verteilung.

Wird in dasselbe Bild auch das Läufertreppendiagramm eingezeichnet, so muß dieses dem ersten flächengleich sein, wenn nur jene Komponente des Primärstromes betrachtet wird, welche dem Sekundärstrom das Gleichgewicht hält. Es ist also hier J_1 gleich dem auf die Ständerseite bezogenen Läuferstrom J_2' zu setzen.

Wie Fig. 2 zu erkennen gibt, fallen die Umrißlinien der beiderseitigen Treppendiagramme nicht genau zusammen, sondern überragen einander abwechselnd. Da die Treppendiagrammordinaten den magnetischen Potentialen an den betreffenden Maschinenstellen proportional sind, so geht aus dieser Erscheinung hervor, daß zwischen zwei gegenüberliegenden Zähnen des Ständers und Läufers allgemein ein Potentialunterschied vorhanden ist. Als Folge müssen örtliche Ausgleichflüsse auftreten, die von Zahn zu Zahn ihre Richtung und Größe ändern. Die Größe des örtlichen Ausgleichflusses ist proportional den Überschußflächen, wobei allerdings nur diejenigen Teile zu berücksichtigen sind, die beiderseitig zwischen Zahnflächen zu liegen kommen. An den Stellen, wo einem Zahn eine Nut gegenüber steht, ist die magnetische Leitfähigkeit infolge des großen Luftweges so gering, daß der überschüssige, kleine AW-Druck zur Durchtreibung eines nennenswerten Zusatzflusses durch den Luftspalt hindurch nicht genügt. In Fig. 2 sind in der linken Hälfte des Treppendiagramms diese für die Bildung der Ausgleichflüsse in Frage kommenden Teile der Überschußflächen durch engere Strichelung kenntlich gemacht. Da solche Einzelheiten im Druck schlecht wiedergegeben werden, so ist hiervon an anderen Stellen Abstand genommen worden.

Die Überschußflächen haben als solche einen anderen Maßstab als die Gesamtflächen. Hauptfluß und Ausgleichfluß sind phasenverschoben. Ihr Maßstab kann für jede beliebige Läufergeschwindigkeit aus der Größe der Diagrammfläche und der zahlenmäßigen Stärke des zugehörigen Flusses ermittelt werden. Der letztere Wert kann im Heylandkreis (s. Fig. 18) abgegriffen werden. Die Richtung der Ausgleichflüsse ist durch die relative Größe der magnetischen Potentiale gegeben.

Werden die Ausgleichflüsse ihrer Größe und Richtung nach in den Luftspalt eingezeichnet, so fällt deren zickzackartiger Verlauf ins Auge. Man nennt diese Erscheinung, da sie ihr Dasein einer Streuung verdankt, die „Zickzackstreuung". Ihr Vorhandensein hat eine Reihe Sattelbildungen zur Folge.

Ist die Anzahl der in einen Zahn eintretenden Zickzacklinien größer als die der austretenden, so wird der Überschuß durch den Zahn in das Joch eindringen. Im anderen Falle muß aus diesen ein entsprechender Fluß durch den Zahn hindurch in den Luftspalt übertreten. Im allgemeinen kehrt ein Teil der eintretenden örtlichen Zickzackstreuung schon innerhalb eines Zahnes um und nur ein Rest durchsetzt das Joch, um nach Umschlingung einer oder mehrerer Nuten an anderer Stelle wieder in den Luftspalt zurückzutreten.

Es zeigt sich also, daß die Ungleichheiten der beiderseitigen AW-Druckdiagramme als unabwendbare Nebenerscheinung Zusatzflüsse in den Zähnen zur Folge haben. In Wirklichkeit werden die scharfen Kanten der Treppendiagramme eine Abrundung oder Verschmierung erfahren, die eine Abweichung der Zusatzflüsse in Form und Größe von den errechneten Werten veranlassen.

In der neutralen Zone der AW-Druckdiagramme der Fig. 2 stehen sich gerade zwei Nuten gegenüber. In den rechts von ihr stehenden Läuferzahn fließt ein zusätzlicher Fluß hinein. Diese Richtung möge entsprechend der Richtung des Hauptflusses positiv genannt werden.

Untersuchung Ib.

In Fig. 3 sind die beiden Treppendiagramme für den zweiten Grenzzustand der Stromverteilung dargestellt. Die Phase „1", die früher den Strom $J_{1_{max}}$ führte, wird jetzt nur noch von 0,866 dieses Betrages durchflossen. Die gleiche Höhe besitzt der Strom in der Nebenphase „3". In Phase „2" ist er gleich Null. Die neutrale Zone erscheint räumlich um $\frac{q_1}{2}$ in Richtung des beweglichen Hauptfeldes nach rechts verschoben. In ihr steht gerade eine Läufernut. Statt der Fünfeckform besitzt das fiktive Ständer- bzw. Läuferfeld, kurz Hauptfeld genannt, jetzt die Form eines Trapezes.

Die Untersuchungen IIa und IIb führen zu ähnlichen Treppendiagrammen. Auf ihre Wiedergabe kann hier verzichtet werden.

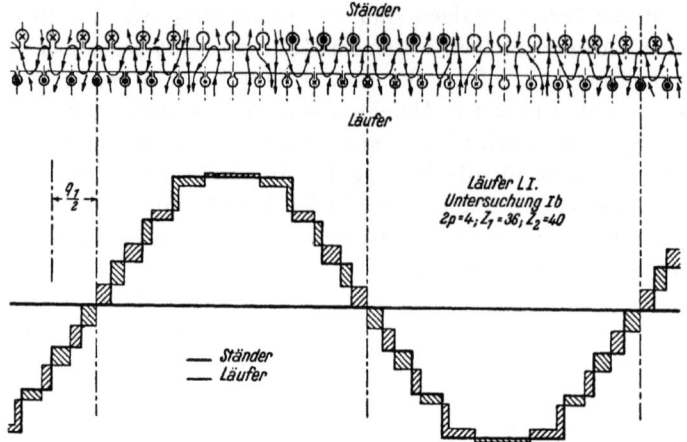

Fig. 3. Treppendiagramm für den Läufer L. I. Untersuchung I b.

Durch die ungleiche Größe der in einen Zahn ein- und wieder austretenden Zickzackstreuung entstehen, wie bereits festgestellt werden konnte, innerhalb der Zähne örtliche zusätzliche Flüsse, deren Größe und Richtung von Zahn zu Zahn verschieden ist. Die zusätzlichen Flüsse können durch gleichwertige Zusatzpole ersetzt gedacht werden.

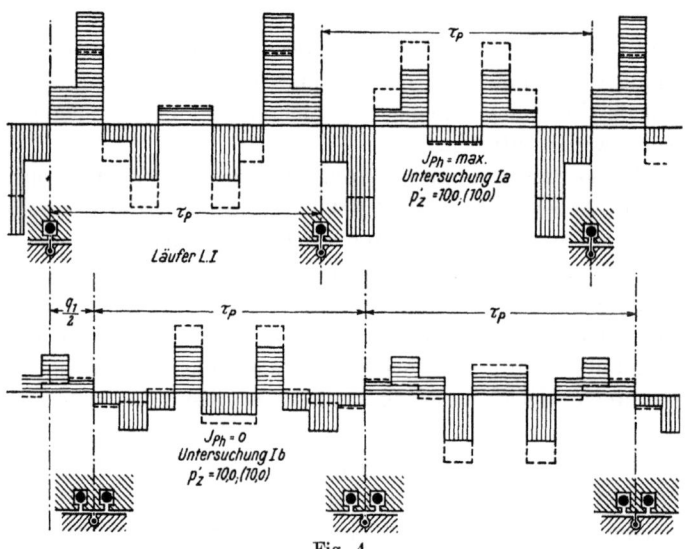

Fig. 4.
Zusatzfeldverteilung. Läufer L. I. In der neutralen Zone steht eine Läufernut.

In Fig. 4 sind die in den Läuferzähnen auftretenden und aus den Fig. 2 und 3 ermittelten zusätzlichen Flüsse in Gestalt von rechteckigen Feldern über den gestreckten mittleren Luftspaltumfang aufgetragen. Die ausgezogenen Linien gelten für die Untersuchung unter Berücksichtigung der Nutenöffnungen. Die gestrichelten Linien zeigen zum Vergleich das Zusatzfeld, wie es unter Vernachlässigung der Nutenöffnungen ermittelt wird. Die Ergebnisse der Untersuchungen II a und II b führen zu ähnlichen Feldbildern, die in der Fig. 5 dargestellt sind.

Die ersten Schaulinien der beiden Fig. 4 und 5 gelten für den ersten Grenzzustand der Stromverteilung, wo die Phase „1" den Höchstwert des Stromes führt, und die darunter gezeichneten Schaulinien für den zweiten Grenzzustand, wo der Strom der Phase „2" gleich Null ist.

Ist die Anzahl der Zähne des Ständers und des Läufers durch $2p$ teilbar, so müssen, wie im Beispiel, vier Zusatzfeldverteilungsbilder entworfen werden. Die Zahl dieser Untersuchungen vermindert sich auf zwei, wenn der Läufer eine ungerade Zähnezahl besitzt. In diesem Falle wird gegenüber der untersuchten neutralen Zone auf der anderen Seite der Maschine (also um räumliche 180° weiter) ein zweiter Sonderfall eintreten und bei der Untersuchung des einen Falles ohne weiteres mit berück-

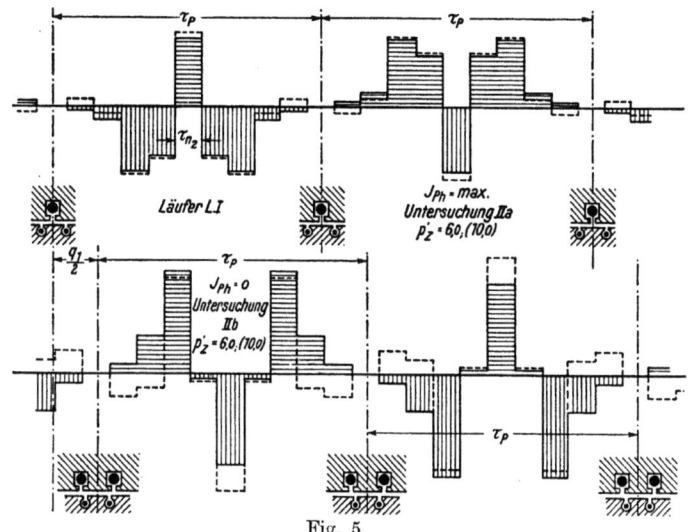

Fig. 5.
Zusatzfeldverteilung. Läufer L. I. In der neutralen Zone steht ein Läuferzahn.

sichtigt. So steht beispielsweise in Fig. 16 bei einem Läufer „L. II" mit $Z_2 = 57$ Zähnen in der linken neutralen Zone eine Läufernut und in der rechten ein Läuferzahn. Ebenso genügen zwei Untersuchungen, wenn die Läuferzähnezahl derart gewählt wird, daß gleichzeitig in einer der neutralen Zonen des AW-Druckdiagrammes die Mitte einer Läufernut und in der folgenden oder überfolgenden die Mitte eines Läuferzahnes zu stehen kommt.

Allgemein betrachtet, ändert das Zusatzfeld von Zusatzpolteilung zu Zusatzpolteilung seine Form und Größe. Zwei nebeneinanderliegende Zusatzpole gehören für gewöhnlich nicht zusammen; der entsprechende Gegenpol von gleicher Größe und Form ist dann auf der anderen Symmetriehälfte der Maschine zu suchen. Dieser Umstand zeigt, daß, von Sonderfällen abgesehen, mindestens für eine ganze Symmetriehälfte die Zusatzfeldverteilungslinie zu zeichnen ist. Die über den Maschinenumfang verteilten zusätzlichen Pole rufen ähnlich den Feldoberwellen der entsprechenden Ordnung gleichfalls zusätzliche Drehmomente hervor.

Bei den zu untersuchenden vier ausgezeichneten Grenzzuständen kann aus jeder der Zusatzfeldverteilungslinien eine neue zusätzliche Polpaarzahl ermittelt werden, womit ebenso viele Satteldrehzahlen gegeben sind. Während der Bewegung findet ein dauernder Übergang aus dem einen in den anderen Zustand statt. In jedem Augenblick will die Maschine entsprechend der zusätzlichen Polpaarzahl mit einer anderen Geschwindigkeit laufen und entsprechend der wechselnden Größe des Zusatzfeldes ein anderes Zusatzmoment bilden. Aber keine dieser Einzelerscheinungen kommt zur vollkommenen Ausbildung. Sie alle wirken zusammen und führen zu einem gemeinsamen Mittelwert, der dann allein für die Wirkungsweise der Maschine in Betracht kommt.

Eine nähere Betrachtung der in Fig. 4 und 5 dargestellten zusammengehörigen Verteilungslinien des zusätzlichen Feldes zeigt, daß die Entstehung der zusätzlichen Pole von zweifacher Wirkung sein kann. Erstens wird die Anzahl der Zusatzpole Veranlassung zu einer Sattelbildung geben; zweitens muß auch eine eventuelle drehende Bewegung des ganzen Systems der Zusatzpole eine weitere Sattlung hervorrufen.

Wird vorläufig von der kleinen Drehbewegung des Zusatzpolsystems abgesehen, d. h. betrachtet man die Pole als im Raume stillstehend, so zeigt sich, daß die Zusatzpole keineswegs etwa mit ruhenden Gleichstrompolen verglichen werden dürfen. Sie ändern gesetzmäßig in stets wiederkehrender Reihenfolge, jedoch mit einer von der Drehzahl des Hauptfeldes und des Läufers abhängenden Geschwindigkeit, ihre Form und Größe. Diese Bedingungen können durch ein Wechselfeld erfüllt werden, welches beim Durchgang durch den Nullwert, d.h. nach jeder Halbwelle, umgeschaltet wird. Hierbei tritt eine Erscheinung ein, die einer Verdoppelung der Polpaarzahl gleichkommt. Es wird bei einer aus der mittleren Zusatzpolpaarzahl ermittelten halben Drehzahl eine Sattlung entstehen.

Nennt man die aus den vier Untersuchungen errechnete mittlere Anzahl der über den ganzen Maschinenumfang verteilten Zusatzpolpaare p'_{z_m}, so erhält man eine ,,Satteldrehzahl der Zusatzpolbildung'' bei

$$n_{s-Zp} = \frac{\nu_1 \cdot 60}{2 \cdot p'_{z_m}}. \tag{12}$$

Wesentlich handlicher wird die Gleichung (12), wenn nicht p'_{z_m}, sondern p_{z_m}, die Anzahl der Zusatzpolpaare für die doppelte Hauptfeldpolteilung $2\tau_p$, eingesetzt wird. Gleichung (12) verwandelt sich dann in

$$n_{s-Zp} = \frac{\nu_1 \cdot 60}{2p \cdot p_{z_m}} = \frac{n_1}{2 \cdot p_{z_m}}. \tag{13}$$

Für den als Beispiel angeführten Motor ergibt sich dann unter Vernachlässigung des Einflusses der Nutenöffnungen

$$n_{s-Zp} = \frac{1500}{2 \cdot 5} = 150 \text{ Uml./Min.},$$

und unter Berücksichtigung der Nutenöffnungen

$$n_{s-Zp} = \frac{1500}{2 \cdot 4} = 188 \text{ Uml./Min.}$$

Man kann das zusätzliche Feld als ein Oberfeld betrachten, dessen Ordnung gleich der Anzahl der über $2\tau_p$ gebildeten zusätzlichen Pole ist. Wird

$$\frac{Z_2}{2p_{z_m} \cdot p} = 2, \tag{14}$$

so hat der Käfiganker, der in jeder Nut nur einen Leiter führt, für jede Halbwelle des Oberfeldes, d. h. hier für jeden Zusatzpol, einen Stab. Jeder einzelne Stab des Käfigankers verhält sich wie eine einachsige Läuferwicklung im Hauptfelde eines Drehstrommotors. Görges fand zuerst bei Drehstrommotoren mit einachsiger Läuferwicklung die Möglichkeit des Auftretens einer weiteren Sattlung bei etwa der halben Drehzahl des ersten Sattels.

Die Ausbildung eines großen zusätzlichen Feldes kann unter solchen Umständen sehr begünstigt werden. Ja, es kann so groß werden, daß in der Nähe der synchronen Drehzahl des Läufers mit dem zusätzlichen Felde das negative Drehmoment so stark anwächst, daß das vom erzeugten ideellen Hauptdrehmoment nach dessen algebraischen Addition mit dem Zusatzdrehmoment übrigbleibende Hochlaufmoment nicht mehr genügt, um das ihm entgegenwirkende Reibungs- und Widerstandsmoment zu überwinden und den Motor zum Anlauf zu bringen. Der Motor wird hierdurch gezwungen, nicht nur unter Last, sondern möglicherweise sogar schon im Leerlauf zu schleichen.

Einen Schritt weiter geht Weidig in seiner Arbeit „Die Wechselstrominduktionsmaschine mit einachsiger Sekundärwicklung", indem er nachweist, daß unter gleichen Bedingungen nicht nur bei $\frac{1}{2}$, sondern auch bei $\frac{1}{3}$, $\frac{1}{4}$, $\frac{1}{5}$ usw., kurz bei allen einfachen Teilen der synchronen Drehzahl, also hier des Grundsattels, eine weitere Sattelbildung in Erscheinung treten kann. Unter den vorliegenden besonderen Bedingungen dürfte ein neuer Sattel nur noch bei $\frac{1}{2} \cdot n_{s-zp}$ gebildet werden, da bei den sehr nahe aneinanderliegenden weiteren rechnerischen Satteldrehzahlen die ohnedies schon kleinen Sattlungen eine gegenseitige fast restlose Aufhebung finden.

Unter Berücksichtigung des Gesagten kann die Gleichung (13) auf die besondere Form

$$n_{s-zp} = \frac{n_1}{2 \cdot x \cdot p_{z_m}} \tag{15}$$

gebracht werden, worin x jede positive ganze Zahl bedeutet.

Die in diesem Abschnitt untersuchten zusätzlichen Drehmomentenlinien haben einphasigen Charakter. Ihr Einfluß auf das Verhalten des Motors beim Anlauf kann bedeutend sein.

β) **Die Bewegung der Zusatzpole.** Anläßlich der Untersuchung des Einflusses der „Phasenablösung" wurde gezeigt, daß das Ersatzfeld der Phasenablösung während der Dauer einer ganzen Hauptwelle $4 m_1$ mal das Vorzeichen wechselt. Während das primäre Treppendiagramm, wie die Fig. 2 und 3 erkennen lassen, abwechselnd seine Form ändert, kann die Form des nur wenig beweglichen sekundären Treppendiagrammes als gleichbleibend gelten. Es wird also in der gleichen Zeit auch das mittlere Zusatzpolsystem $4 m_1$ mal sein Vorzeichen ändern. Die Anzahl der über $2 \tau_p$ infolge der Verschiedenheit der magnetischen Potentialunterschiede entstehenden Zusatzpole ist jedoch im allgemeinen von $4 m_1$ verschieden. Als unabwendbare Folge dieser sich scheinbar widersprechenden Bedingungen muß ein Wandern des ganzen Zusatzpolsystems in einer bestimmten Richtung eintreten (man betrachte hierzu die im vorigen Abschnitt in den Fig. 4 und 5 dargestellten Zusatzfeldverteilungslinien).

Ist $2 p_{z_m} < 4 m_1$, so wird eine Rückwanderung des Zusatzfeldes um den Unterschied $4 m_1 - 2 p_{z_m}$ stattfinden. Der synchron laufende Anker bewegt sich dann mit einer negativen Drehzahl, d. h. in entgegengesetzter Richtung zum Hauptfeld.

In der unten wiedergegebenen Bewegungsgleichung (16) erscheint aus diesem Grunde auf der rechten Seite vor dem Bruchstrich ein Minuszeichen.

Das in Fig. 4 für eine bestimmte Stellung des Läufers zur neutralen Zone dargestellte Zusatzfeld veranschaulicht in übersichtlicher Weise dessen rückläufige Bewegung. Die Zahl der über $2\tau_p$ verteilten Zusatzpole ist gleich 10, also kleiner als $4\,m_1$.

Die besonderen Nutenverhältnisse des Ständers und des Läufers bedingen im vorliegenden Falle ein äußerst einfaches und gleichmäßiges Bild der Zusatzfeldverteilung. Allgemein braucht die Breite der Polteilung des Zusatzfeldes, wie z. B. Fig. 5 erkennen läßt, nicht durchweg eine gleich große zu sein; sie kann starken Schwankungen unterworfen sein.

Ist $p_{z_m} > 4\,m_1$, so tritt der umgekehrte Fall der Vorwärtsbewegung des Zusatzfeldes ein.

Das rückläufige (inverse) als auch das mit dem Hauptfelde gleichlaufende Zusatzfeld muß nach früheren Darlegungen ein weiteres zusätzliches Drehmoment erzeugen, welches die eigentümliche Form der M_d-Linie eines Mehrphasenmotors haben wird.

Die synchrone Drehzahl der Zusatzfeldbewegung n_{s-zb} kann aus dem Verhältnis der in der Zeiteinheit zurückgelegten Wege des Hauptfeldes und des Zusatzfeldes ermittelt werden. Wird der während der Dauer einer Periode des Hauptfeldes zurückgelegte Weg in Anzahl Zusatzpole ausgedrückt, so ist

$$\frac{n_{s-zb}}{n_1} = -\frac{4\,m_1 - \dfrac{2\,p'_{z_m}}{p}}{\dfrac{2\,p'_{z_m}}{p}} = \frac{4\,m_1 - 2\,p_{z_m}}{2\,p_{z_m}}. \tag{16}$$

Durch Umstellung erhält man hieraus die „Satteldrehzahl der Zusatzpolbewegung":

$$n_{s-zb} = -\frac{4\,m_1 - 2\,p_{z_m}}{2\,p_{z_m}} \cdot n_1. \tag{17}$$

Auf das Rechenbeispiel des Läufers L. I angewandt, wäre hiernach eine weitere Satteldrehzahl bei $n_{z-zb} = -\dfrac{12-10}{10} \cdot 1500 = -300$ Uml./Min. zu erwarten. (Näheres siehe Zahlentafel II).

Die zur Ermittlung der Zusatzfelder erforderlichen vier Untersuchungen brauchen weder für sich allein, noch als Mittelwert eine durch p teilbare Zahl Zusatzpole zu ergeben. $2\,p_{z_m}$ kann jede beliebige ganze oder gebrochene Zahl sein.

Hierfür ein physikalisches Beispiel zur Erläuterung.

Auf eine gemeinschaftliche Welle mögen entsprechend den voneinander abweichenden Rechnungsergebnissen vier Asynchronmotoren arbeiten, deren Wicklung verschiedenpolig ausgeführt sei, z. B. $p = 2, 3, 4$ und 6 Polpaare aufweisen. Wird jede dieser Maschinen abwechselnd an eine Spannung bestimmter Frequenz gelegt, so wird die Welle ruckweise mit verschiedenen Geschwindigkeiten zu laufen suchen. Sind die einzelnen Zeiten sehr klein, so wird sich eine mittlere Geschwindigkeit einstellen. Diese kann bei kleinen zu beschleunigenden Massen angenähert aus der Frequenz und einem mittleren $p = \dfrac{2+3+4+6}{4} = \dfrac{15}{4} = 3{,}75$, also einer gebrochenen Polpaarzahl, errechnet werden.

II. Versuche.

A.

1. Vorwort.

Im vorliegenden Teil soll an Hand von Versuchsergebnissen festgestellt werden, inwieweit die im ersten Teil zusammengestellten Theorien die wirklichen Fälle erfassen. Erst, wenn es gelingt, die Entstehung der wichtigsten Sattelbildungen zu ergründen, können Mittel und Wege ausfindig gemacht werden, um die Sattel ganz zu vermeiden oder doch so schwach zu halten, daß ihr Vorhandensein ohne Einfluß auf den Gang der Maschine bleibt. Die Lösung der ersten Aufgabe kann als erreicht bezeichnet werden. Für die zweite sind einige neue Gesichtspunkte behandelt. Die Versuche an einem Motor mit drei verschieden genuteten Läufern zeigen, daß sich die Ursachen der Sattelbildungen nahezu vollständig ermitteln lassen. Ein Vergleich der punktweise aufgenommenen Drehmomentenlinien mit den rechnerisch aus dem Heylandkreis bestimmten ergibt die auffallende Tatsache, daß bei Schlüpfungen, die größer als 1 sind, bedeutende Sattlungen entstehen können, die nicht nur in der Lage sind, das Stillstandmoment fühlbar zu verringern, sondern darüber hinaus einen entscheidenden Einfluß auf den Gang der Maschine auszuüben.

2. Versuchsanordnung.

Kuppelt man den asynchronen Drehstrommotor mit einer Gleichstrom-Nebenschlußmaschine und führt letzterer bei möglichst voller Erregung veränderliche Spannungen zu, so läßt sich jede beliebige Drehzahl bis nahe zum Stillstand einstellen, wobei die Drehzahl des Maschinensatzes auch bei stoßweiser Belastung durch den Asynchronmotor nur ganz unmerklich schwankt.

Hierauf fußend wurde die nachfolgend beschriebene Versuchsanordnung zusammengestellt. Bei ganz kleinen Drehzahlen mußte eine zusätzliche mechanische Bremsung mit einem Pronyschen Zaum stattfinden, um einen einwandfreien stabilen Betrieb des Versuchsmaschinensatzes bis herunter zu etwa 5 Uml./Min. leicht und sicher zu ermöglichen.

Die folgenden Versuche wurden im Elektrotechnischen Versuchsfelde der Technischen Hochschule zu Berlin ausgeführt. Als Drehstromquelle (s. Fig. 6) stand die mit einer Einlochwicklung versehene Maschine M. 7 von 60 kVA-Leistung zur Verfügung. Der Generator ließ sich durch

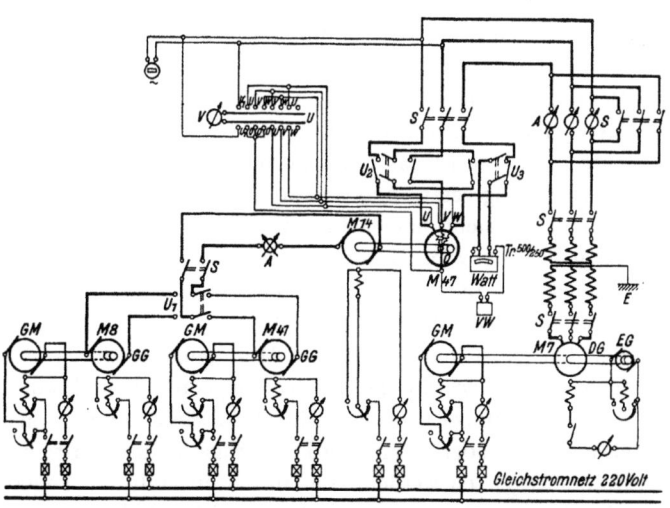

Fig. 6. Schaltbild der Versuchsanordnung.

eine angekuppelte Erregermaschine bis zu 500 V erregen. Diese Spannung wurde durch einen Transformator auf 250 V herabgesetzt. Der Drehstromgenerator wurde, wie auch alle anderen Hilfseinheiten, durch einen 220-V-Gleichstrom-Nebenschlußmotor angetrieben. Der Betriebsstrom wurde meist dem Netz, für wichtige Messungen einer Akkumulatorenbatterie entnommen.

Zur Lieferung des gleichstromseitigen Antriebstromes und zur Aufnahme des Bremsstromes konnten die beiden Maschinen M. 8 und M. 41 herangezogen werden. M. 8 fand hauptsächlich für die Messungen Verwendung; M. 41 wurde zum Antrieb des Versuchssatzes mit hoher Umdrehungszahl während der Abkühlung benutzt. Durch diese doppelte Anordnung wurde ein einfaches und schnelles Einstellen jedes gewünschten Meßpunktes ermöglicht. Die 3-kW-Gleichstrom-Nebenschlußmaschine M. 14 diente bei den Versuchen als Bremsdynamo für den Versuchsmotor M. 47.

M. 47 ist ein A.E.G.-Drehstrom-Asynchronmotor offener Bauart (Listenbezeichnung: D 30/4 Kf Nr. 226). Die Angaben des Leistungsschildes lauten: Verkettete Spannung: 215 Volt; 50 Perioden; Schaltung: Stern; $n = 1440$ Uml./Min.; Leistung: 2,2 kW; Strom: 8 Ampere. Der Ständer besitzt 36 Nuten bei einem lichten Durchmesser von 155,0 mm. Die dreiphasige Wicklung ist vierpolig angeordnet, so daß $q_1 = 3$ Nuten pro Pol und Phase ist. Für die Versuche wurde dieser Motor mit drei gegeneinander auswechselbaren Käfigankern „L. I", „L. II" und „L. III" mit verschiedenen Nutenzahlen ausgerüstet. Der Ankerdurchmesser beträgt bei allen Läufern 154,2 mm, somit der Luftspalt 0,4 mm. Die für einen mittleren Luftspalt gerechnete Ständerpolteilung beträgt $\tau_p = 121,5$ mm.

Der Läufer L. I besitzt 40 Nuten,
„ „ L. II „ 57 „
und „ „ L. III „ 63 „

Der Läufer L. II entspricht der listenmäßigen Ausführung, die beiden anderen Anker sind auf besonderen Wunsch hergestellt.

Die Drehzahl wurde mit Hilfe eines Tachometers und eines Tachoskopes bestimmt. Eine anfangs benutzte Turendynamo M. 33, die durch biegsame Welle mit dem Versuchsmaschinensatz verbunden war, wurde ausgebaut, nachdem sich bei kleinen Drehzahlen der Einfluß ihrer Ankernutung durch starkes Pendeln unangenehm bemerkbar gemacht hatte.

Bei der betriebsmäßigen Lagerung der Welle in den Lagern des Motors wirken auf das Gehäuse außer dem Gegenmoment des Unterbaues gleichzeitig zwei Drehmomente. Das eine ist das Luftspaltmoment. Seine Richtung ist der Bewegung des Läufers entgegengesetzt. Das andere Moment wird von der Luft- und Lagerreibung gestellt und versucht umgekehrt, den Ständer in gleicher Richtung mit der Welle zu bewegen. Das vom Motor abgegebene Nutzdrehmoment ergibt sich aus dem Unterschied des Luftspalt-Drehmomentes und des demselben entgegenwirkenden Momentes der Luft- und Lagerreibung.

Bei den Versuchen wurde das Motorgehäuse durch eine zweite Lagerung der vorragenden Wellenstümpfe drehbar angeordnet und an den Füßen mit einem 400 mm langen Hebel versehen. Durch Bestimmung der am Hebel wirkenden Kraft mittels einer besonders geeichten Federwage kann unmittelbar das Nutzdrehmoment des Motors abgelesen werden. Das in der zusätzlichen Lagerung der Wellenstümpfe entstehende, dem Nutzmoment entgegenwirkende Lagerreibungsmoment stellt einen

Tafel zu: Wandeberg, Das Schleichen von Drehstromasynchronmotoren.

Fig. 7.

Aufbau des Versuchsmotors. Seitenansicht.

Fig. 8.

Versuchsmaschinensatz. Vorderansicht.

Teil des äußeren Belastungsdrehmomentes dar. Fig. 7 und 8 (siehe Tafel) zeigen den Aufbau der Drehmoment-Meßvorrichtung.

Das am Hebelarm gemessene Nutzdrehmoment kann mit dem theoretisch gerechneten Luftspaltdrehmoment nach Zuschlag des jeweiligen Luft- und Lagerreibungsmomentes verglichen werden. Zu diesem Zwecke wurde bei verschiedenen minutlichen Umlaufzahlen die Leistungsaufnahme des einmal leerlaufenden, das andere Mal mit der betriebsmäßig aufgestellten Versuchsmaschine gekuppelten Gleichstrommotors gemessen und daraus der in Fig. 9 dargestellte Linienzug bestimmt. Dieser zeigt die Luft- und Lagerreibung des Versuchsmotors im normalen betriebsmäßigen Zustande in Abhängigkeit von der Drehzahl.

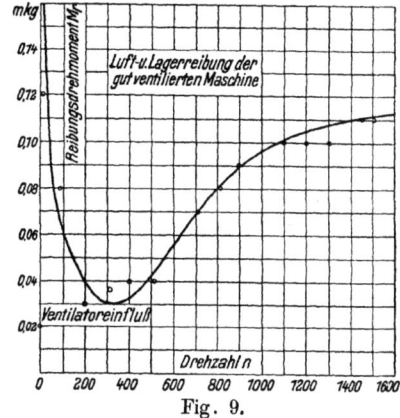

Fig. 9.

Die Schaltung wurde so gewählt, daß außer den Phasenleistungen, -spannungen und -strömen auch die verketteten Spannungen gemessen werden konnten. Das umschaltbare Voltmeter lag unmittelbar an den Klemmen der Maschine, die Netzspannung konnte bei geöffnetem Maschinenschalter bestimmt werden. Das durch die Umschalter U_2 und U_3 umschaltbare Wattmeter lag dicht an den Klemmen der Maschine. Der Querschnitt der vom Motor zum Wattmeter führenden Kabel war so reichlich bemessen, daß in ihnen nur mit einem ganz unwesentlichen Spannungsabfall gerechnet werden brauchte. Im Schaltbild Fig. 6 ist der zur eigentlichen Messung gehörige Aufbau durch stärkere Zeichnung hervorgehoben.

Der Drehstrommotor war für eine verkettete Spannung von 215 V bestimmt. Die Durchrechnung der Maschine zeigte, daß für den Kurzschlußfall Strom und Erwärmung sehr hohe Werte erreichen, so daß ein längeres Verweilen bei den größeren Schlüpfungen unzulässig erschien. Als zweckmäßige Spannung wurden 170 V gewählt und mit ihr der größere Teil der Hauptmessungen durchgeführt.

Mit Hilfe des für die gewählte Versuchsspannung errechneten Heylandkreises wurden die Läufer- und Ständerströme in Abhängigkeit von der Schlüpfung ermittelt, dann aus den Stromlinien mehrere Punkte herausgegriffen und für diese die Übertemperaturen im Beharrungszustand berechnet. Nach Ermittelung der Zeitkonstante konnte eine Schar von Erwärmungslinien gezeichnet werden, aus der die zulässige Belastungsdauer entnommen wurde. Als höchste Übertemperatur wurden 80° C zugelassen. In

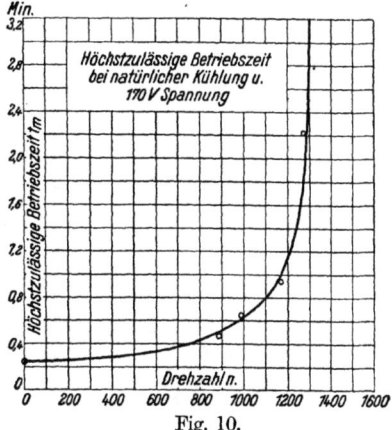

Fig. 10.

Fig. 10 ist die nach diesem Verfahren für den Läufer L. I ermittelte höchste Betriebsdauer, und zwar bei natürlicher Kühlung, in Abhängigkeit von der Schlüpfung, dargestellt. Hiernach konnte der Motor bei Stillstand nur etwa 15 Sekunden untersucht werden. Da diese Zeitdauer zu knapp war, mußte der Motor mit einem Ventilator künstlich gekühlt werden, wodurch die zulässige Meßzeit auf mehr als den dreifachen Betrag erhöht wurde. Um etwa den gleichen Betrag ließ sich auch die Kühldauer verkürzen. Der Einfluß der verstärkten Lufttreibung ist bereits im Schaubild Fig. 9 berücksichtigt.

Die elektrischen Ablesungen wurden bei gleichbleibender Maschinentemperatur in einer bestimmten Reihenfolge vorgenommen.

B. Versuchsergebnisse.
a) Das Drehmoment.

Die stabilen Teile der Drehmomentenlinie (siehe die Zusammenstellung der Hauptschaulinien in den Fig. 11, 12 und 13) konnten bei allen Läufern mit Leichtigkeit durch stufenweises Herabsetzen der Drehzahl des Versuchssatzes aufgenommen werden.

Bei Schlüpfungen von 80 v. H. und mehr machte sich die hohe Erwärmung des

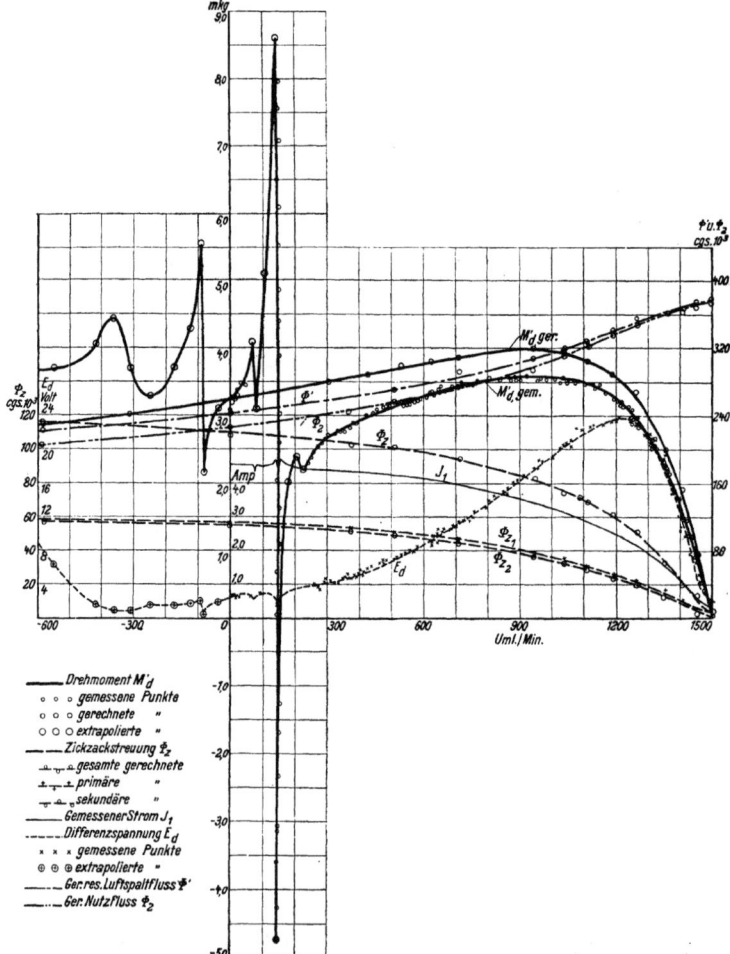

Fig. 11. Zusammengestellte Schaulinien für den Läufer L. I.

Läufers unangenehm bemerkbar und setzte den Versuchen bei etwa — 600 Uml./Min. eine Grenze, die mit den angeführten Mitteln nicht überschritten werden konnte.

Eine weitere Schwierigkeit stellte sich der Untersuchung des Läufers L. I entgegen. Zwischen 0 und 250 minutlichen Umdrehungen wurde der Maschinensatz beim Einschalten des Drehstrommotors sofort in etwa 150 Uml./Min. hineingerissen, wobei bei dieser Drehzahl die verschiedensten positiven und negativen Drehmomente gemessen werden konnten. Es mußte daher von vornherein mit dem Vorhandensein eines Sattels von besonders steiler Form und bedeutender Größe gerechnet werden. Wiederholte Messungen bei ganz geringen Netzspannungen bis hinunter auf 35 V bestätigten diese Annahme. Bereits bei 100 V ließ sich an der gedachten Stelle ein Sattel mit großer Genauigkeit zeichnen. Außer dieser Sattlung konnten zwei weitere kleine Sattelbildungen bei $n = 75$ und $n =$ etwa 250 Uml./Min. wahrgenommen werden. Nach Aufnahme mehrerer Meßreihen bei 35, 50, 70, 90, 100, 150 und 170 V wurden für bestimmte Schlüpfungen Schaulinienscharen (Drehmoment u. a. in Abhängigkeit von der Spannung) aufgezeichnet und aus ihnen durch Extrapolieren eine Vervollständigung der bei 170 V gemessenen Schaulinien herbeigeführt.

Der positive sowie auch der negative Scheitel des bei 150 Uml./Min. auftretenden Sattels (Fig. 11) ist um ein Vielfaches größer als das größte positive Hauptdrehmoment. Arbeitet der (anfänglich leerlaufende) Maschinensatz in der Nähe der Satteldrehzahl, so wird er beim Einschalten des Drehstrommotors durch die starke synchronisierende Wirkung des Sattels in dessen zugehörige Drehzahl hineingerissen. Erst bei kleineren Spannungen, wenn der Asynchronmotor nur noch wenig oder kein Nutzdrehmoment abgibt und somit der Bremsgenerator als Motor läuft, kann eine Beeinflussung der eingestellten Drehzahl durch den plötzlich hinzugeschalteten Drehstrommotor nicht mehr eintreten.

Beim Läufer L. I traten bei 150 Uml./Min. hammerschlagähnliche Erschütterungen des ganzen Zusammenbaues der Maschine auf, die zu wiederholten Malen die reichlich bemessenen, sonst anstandslos arbeitenden Kupplungsbolzen zum Bruch brachten. Hervorgerufen wurden diese Stöße durch die unvermeidlichen kleinen Frequenzschwankungen, die bei dem steilen Sattel genügten, um ein Pendeln der Maschinen zu verursachen. Weit auffälliger und gefährlicher wurde dieses Verhalten, wenn bei entfernten Fußschrauben der nur lose auf dem Unterbau stehende Motor durch schnelles Abbremsen vom Synchronismus zum Stillstand gebracht wurde. Beim Überschreiten der Satteldrehzahl traten nicht nur die beschriebenen starken Erschütterungen ein, sondern der Maschinensatz begann auf dem Aufspannrost sprungweise zu wandern. Wurde der stillstehende, mit der abgeschalteten Gleichstrom-Bremsdynamo gekuppelte Motor an Spannung gelegt, so gelangte er nur auf etwa 150 Uml./Min. — die Schleichdrehzahl — und ließ bei dieser Umlaufzahl ein recht lautes, mit periodisch wiederkehrenden Erschütterungen verbundenes Brummen hören. Eine ähnliche, aber bedeutend abgeschwächte Erscheinung, konnte noch bei etwa der doppelten Drehzahl beobachtet werden. Durch besondere Versuche bei festgekeiltem Ständer wurde die Unabhängigkeit dieser Erscheinungen von der drehbaren Ständeranordnung nachgewiesen.

Über gleichartige Beobachtungen findet man in der Literatur unseres Wissens nur eine einmalige Veröffentlichung. So beschreibt Heubach im XIII. Kapitel seines Werkes „Der Drehstrommotor" ein „sehr merkwürdiges Phänomen" wörtlich wie folgt: „... Alle Motoren liefen gut mit Ausnahme eines einzigen, der vierpolig im Stator 48 im Rotor 43 Nuten hatte. Dieser Motor kam nicht hoch, brummte sehr stark und wurde heftig in Vibrationen versetzt, daß er auf dem Fundament entlang rutschte, wenn er nicht angeschraubt war. Er lief tadellos an, nachdem er mit einem Rotor von 41 Nuten versehen war. Wenn der Motor mit seinem ersten Rotor künstlich hochgebracht wurde, arbeitete er sehr gut, nur war er nicht zum Anlauf zu bringen". An gleicher Stelle schreibt Heubach weiter: „Dieselbe Erscheinung zeigte ein vierpoliger Einphasenmotor, der im Stator 46, im Käfiganker 41 Nuten hatte. Dieser Motor lief vorzüglich an, nachdem er mit einem Rotor von 39 Nuten versehen war. Der günstige Anlauf wurde nicht etwa dadurch erzielt, daß der Rotorwiderstand durch die Reduktion der Nutenzahl etwas vergrößert wurde, denn es wurde, um diese Möglichkeit zu untersuchen, derselbe Stator mit einem Rotor von 43 Nuten versehen, und auch hierbei lief er tadellos an.

Das einzige charakteristische an den Zahlen 48 und 43, resp. 46 und 41 ist ihre Differenz von 5, wenigstens konnte bisher etwas anderes nicht gefunden werden. Es scheint daher, daß das Auftreten irgendwelcher sekundärer Erscheinungen in diesem Falle besonders begünstigt wird, und man wird jedenfalls gut tun, um 5 verschiedene Nutenzahlen zu vermeiden. Es wäre sehr zu wünschen, daß von anderer Seite diesbezügliche Erfahrungen ebenfalls veröffentlicht würden, nur auf diese Weise dürfte es möglich sein, genügend Unterlagen zu schaffen, um die Ursache dieser Erscheinung zu finden. — In allen übrigen Fällen hat es sich vorzüglich bewährt, für die Nutenzahlen des Stators und des Rotors relative Primzahlen zu wählen".

Die generelle Anweisung, ohne Rücksicht auf die Zahnung: „jedenfalls um fünf verschiedene Nutenzahlen zu vermeiden" erscheint nicht empfehlenswert. Genaue Aufschlüsse über die jeweilige Brauchbarkeit der gewählten Zähnezahlen können stets nur individuelle Untersuchungen mit Hilfe der aus den Treppendiagrammen entwickelten Zusatzfelder geben. Die Wahl relativer Primzahlen führt allgemein zu günstigen Ergebnissen. Soweit die Untersuchungen von Heubach.

Als unmittelbare Ursache des Schleichens und der Erschütterungen kann, wie aus der Drehmomentenlinie Fig. 11 ersichtlich, der überaus große und steile Sattel bei 150 Uml./Min. angesehen werden. Diese unerwünschte Erscheinung wird durch die Verkettung einer Reihe ungünstiger Einflüsse hervorgerufen, die ihrerseits durch die Wahl der Zahnung gegeben sind.

So ist nach Gleichung (13) die Satteldrehzahl der Zusatzpolbildung

$$n_{s-zp} = \frac{n_1}{2 \cdot p_{z_m}} = \frac{1500}{10} = 150$$

bzw. 188 Uml./Min., je nachdem die bereits im Zahlenbeispiel für den Läufer L. I ohne oder mit Berücksichtigung der Nutenöffnungen gewonnenen Werte eingesetzt werden.

Bei der gleichen Umlaufzahl entsteht noch ein weiterer Sattel.

Es ist nach Kloss die „Erste Ständersatteldrehzahl":

$$n_{ss_1k} = \frac{n_1}{q_1 \cdot m_1} = \frac{n_1}{9} = \frac{1500}{9} = 167 \text{ Uml./Min.}$$

Das Zusammenfallen mehrerer Sattel auf annähernd ein und dieselbe Drehzahl ist ungünstig und muß beim Entwurf durch entsprechende Wahl der Zahnung vermieden werden.

Das Stillstandmoment nimmt innerhalb gewisser Grenzen, je nach der augenblicklichen gegenseitigen Lage der Zähne, also der veränderlichen magnetischen Leitfähigkeit des Luftspaltes, verschiedene Werte an. Im vorliegenden Falle kann das Stillstandmoment durch einfache Verbindung der zu beiden Seiten gemessenen Kennlinienteile genau ermittelt werden.

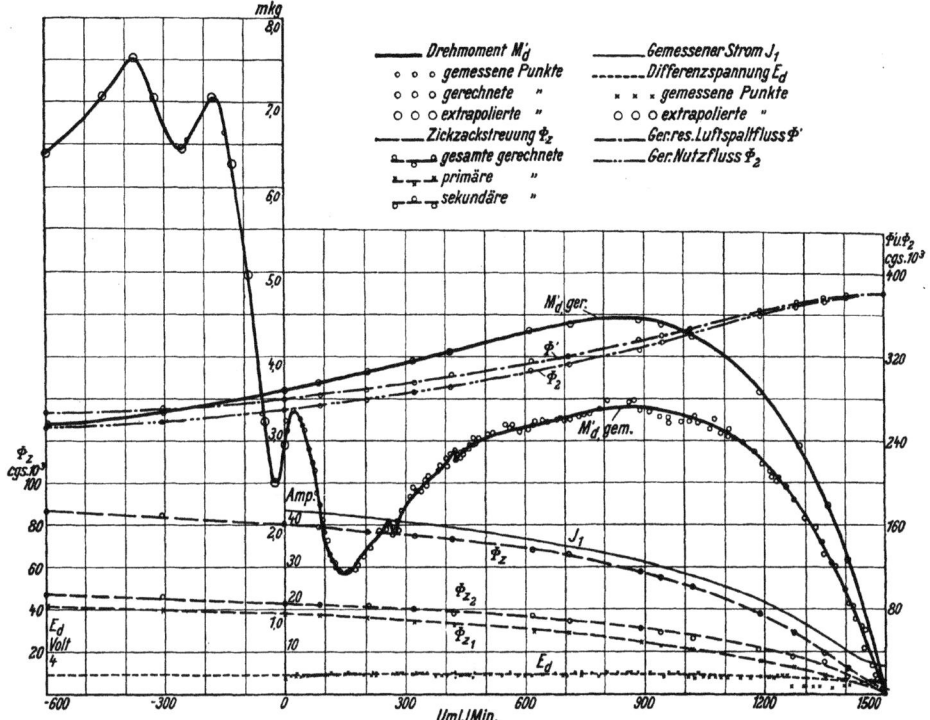

Fig. 12. Zusammengestellte Schaulinien für den Läufer L. II.

Betrachtet man zunächst die in den Fig. 11, 12 und 13 dargestellten rechnerischen und gemessenen Drehmomentenlinien und vergleicht sie miteinander, so fällt bei den Läufern L. II und L. III der recht bedeutende Einfluß der zwischen 100 und 150 Uml./Min. liegenden großen Sattlungen auf die Gestalt der Drehmomentenlinie und die Größe des Kippmomentes $M_{d_{max}}$ auf. Beim Läufer L. I ist diese Beeinflussung infolge des sehr steil verlaufenden großen Sattels nur gering.

Die gerechneten Kennlinien sind mit Hilfe des Heylandkreises ohne Berücksichtigung des Ständerwiderstandes gewonnen. Die Anwendung des einfachen Verfahrens läßt die Verringerung der Ständer-EMK mit steigender Belastung unberücksichtigt. Bei Versuchen läßt sich jedoch nur die Klemmenspannung, nicht aber die EMK, gleichhalten — ein Umstand, der beim Vergleich beider Schaulinien wohl zu berücksichtigen ist.

Weiter ist bei den Läufern L. II und L. III die recht starke Verkleinerung des Anfahrmomentes zu vermerken. Die Ursache liegt in der Größe der bei etwa — 100 Uml./Min. liegenden großen Sattlungsfläche. Beim Läufer L. I verläuft der an gleicher Stelle auftretende Sattel wieder recht steil, wodurch seine Wirkung rein örtlich beschränkt bleibt.

Endlich wäre allgemein festzustellen, daß durch die Sattelbildungen im Wirkungsgebiet der Asynchronmaschine als Motor eine fast durchgehend starke Herabsetzung des Drehmomentes und somit auch der Nutzleistung stattfindet.

Nach Besprechung der äußeren Gestaltung der M_d-Linie soll durch Anwendung der im theoretischen Teil zusammengestellten Erkenntnisse nachgeprüft werden,

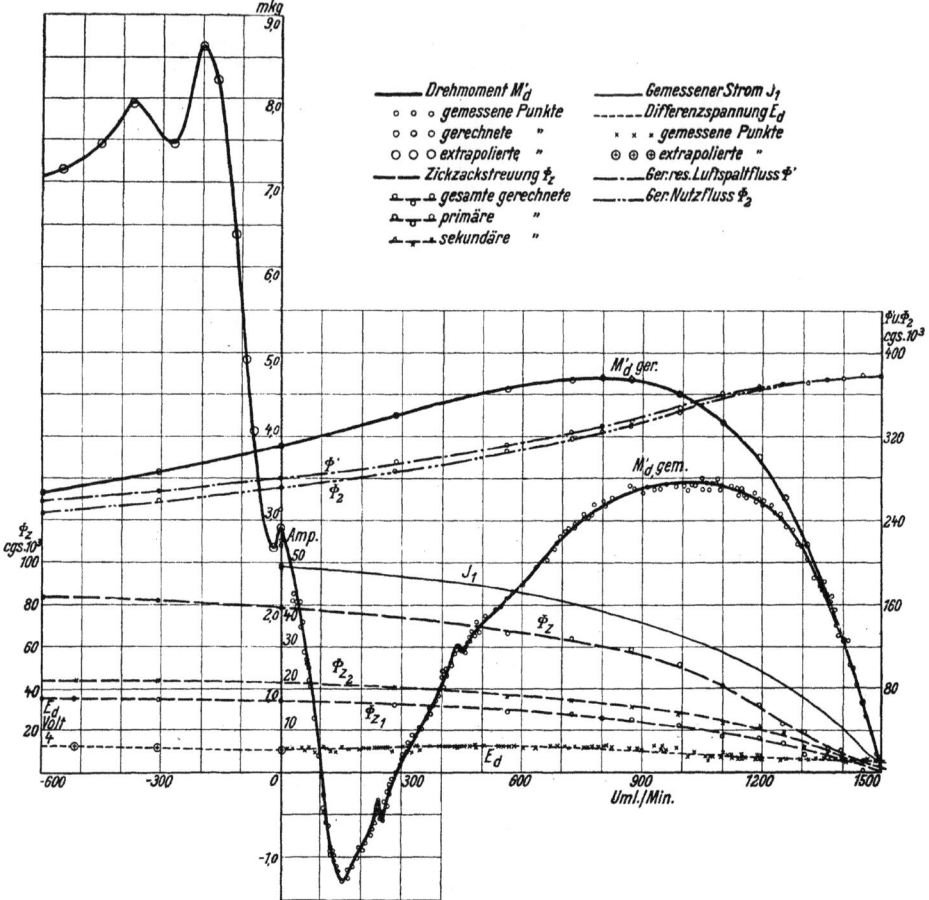

Fig. 13. Zusammengestellte Schaulinien für den Läufer L. III.

mit welcher Genauigkeit und Vollständigkeit das Vorhandensein von Sattlungen im voraus bestimmbar ist.

Zu diesem Zweck müssen in erster Linie die Treppendiagramme gezeichnet und aus ihnen die Zusatzfeldverteilungen bestimmt werden. Für den Läufer L. I ist dieses bereits früher geschehen (siehe die Treppendiagramme Fig. 2 und 3 und die zugehörigen Zusatzfeldverteilungen Fig. 4 und 5). Für den Läufer L. I müssen nach den früheren Ausführungen vier Treppendiagramme und vier Zusatzfeldverteilungslinien gezeichnet werden. Für die Läufer L. II und L. III genügen je zwei Untersuchungen.

Die Fig. 14 und 15 zeigen die Treppendiagramme für den Läufer L. II.

In der ersten neutralen Zone des AW-Druckdiagrammes (links) der Untersuchung I a (in der neutralen Zone steht gerade eine Läufernut; die eine Ständerphase führt den Höchstwert des Stromes) stehen sich zwei Nuten gegenüber; in der letzten neutralen Zone (rechts) dagegen (entsprechend dem Sonderfall IIa) Zahn und Nut. Es werden also, wie bereits erwähnt wurde, bei ungeraden Läuferzähnezahlen durch eine Untersuchung zwei Fälle (I und II, a und b) gleichzeitig berücksichtigt.

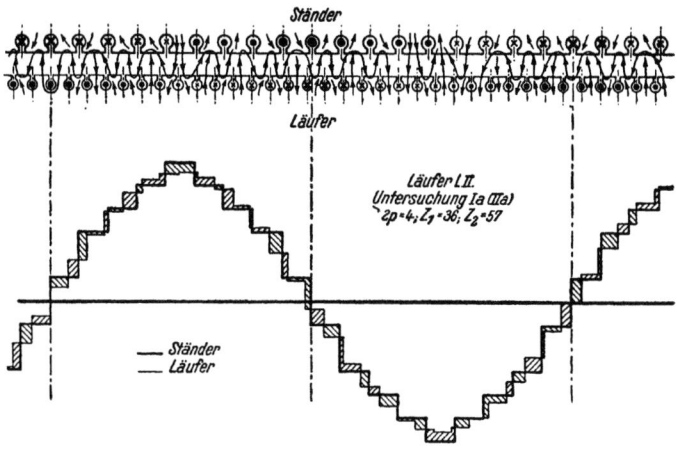

Fig. 14.
Treppendiagramm für den Läufer L. II. Untersuchung Ia (und IIa).
$2p = 4$; $Z_1 = 36$; $Z_2 = 57$.

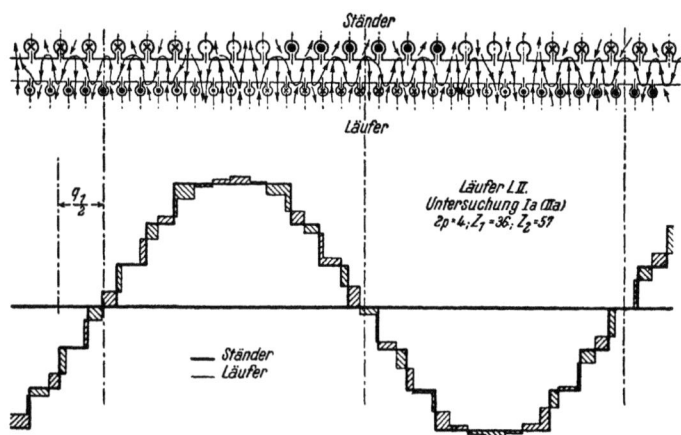

Fig. 15.
Treppendiagramm für den Läufer L. II. Untersuchung Ib und (IIb).
$2p = 4$; $Z_1 = 36$; $Z_2 = 57$.

Durch das räumlich getrennte, gemeinschaftliche Auftreten zweier Grenzzustände wird eine zerrissene, stark schwankende Verteilung der Zickzackstreuung und der Zusatzfelder hervorgerufen. Als Beispiel hierfür sind in den Fig. 14 und 15 die beiden Treppendiagramme und in der Fig. 16 die Zusatzfeldverteilung des Läufers L. II ($Z_2 = 57$) wiedergegeben.

Auch für den Läufer L. III ist Z_2 ($= 63$) eine ungerade Zahl. Die Treppendiagramme weisen nichts Neues auf. Es kann daher auf eine Wiedergabe an dieser Stelle verzichtet werden. Die Zusatzfeldverteilung ist aus der Fig. 17 ersichtlich und zeigt gegenüber Fig. 16 keine wesentlichen Abweichungen.

Aus den Zusatzfeldverteilungslinien sind für jeden ausgezeichneten Zustand die Polpaarzahlen des Zusatzfeldes zu entnehmen.

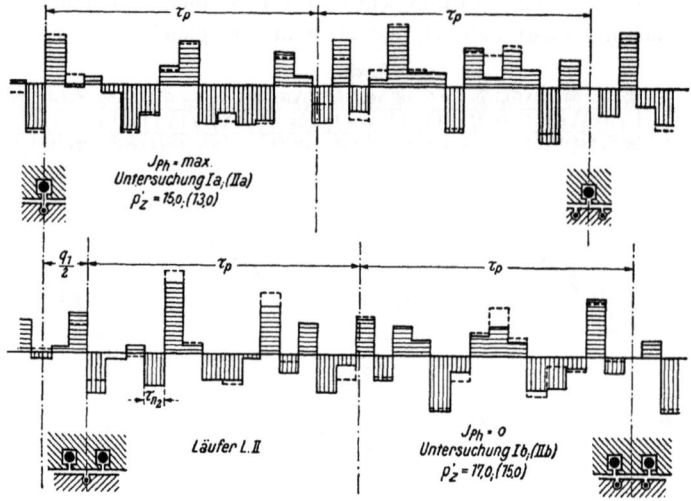

Fig. 16. Zusatzfeldverteilung. Läufer L. II. In der ersten neutralen Zone (links) steht eine Läufernut.

Bei synchroner Bewegung des Läufers mit dem Grundfelde findet eine dauernde Ablösung der Zustände a und b statt, wobei die einmal eingenommene Lage des Läufers zur neutralen Zone bestehen bleibt.

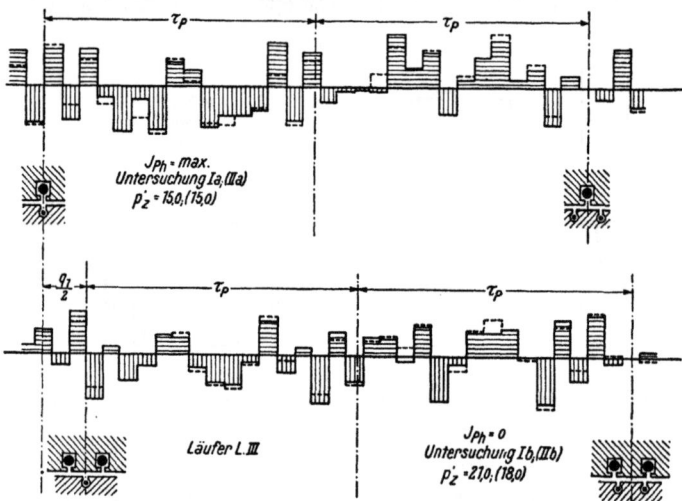

Fig. 17. Zusatzfeldverteilung. Läufer L. III. In der ersten neutralen Zone (links) steht eine Läufernut.

Bei einem vom Synchronismus abweichenden Lauf findet ein dauernder Übergang aller Grenzlagen und Zustände statt. Die mittlere Polpaarzahl des Zusatzfeldes p'_{z_m} ist aus den Ergebnissen aller vier Untersuchungen zu bilden. Die Rechnung kann, wie bereits erwähnt, gelegentlich für p'_{z_m} bzw. die auf $2\tau_p$ bezogene Anzahl Zusatzpolpaare p_{z_m} auch gebrochene Zahlen ergeben.

Die rechnerischen Untersuchungen wurden außer an den drei Versuchsmaschinen an vier weiteren Motoren durchgeführt, bei denen ein bestimmtes Verhalten bekannt war oder doch angenommen werden konnte. Durch Wiedergabe der hauptsächlichsten Ergebnisse soll gezeigt werden, inwieweit Rechnung und Messung einander decken, welchen Einfluß die Nutung des Läufers bei gleichbleibender Ständerzähnezahl auf die Satteldrehzahlen hat und ob es möglich ist, die Neigung zum Schleichen mit den angegebenen Mitteln voraus zu bestimmen. Es wurde gewählt:

Zahlentafel I.

Läufer	Z_1	Z_2	Grund der Wahl
L. VI	36	29	Müßte gut anlaufen, günstiges Zähneverhältnis.
L. IV	36	33	Punga (E. u. M. 1912) teilt mit, daß gut anläuft.
L. VII	36	36	Müßte kleben, also schlecht anlaufen.
L. I	36	40	Versuchsmotor; schleicht!
L. V	36	47	Punga (E. u. M. 1912) teilt mit, daß „noch" anläuft.
L. II	36	57	Versuchsmotor; läuft gut an. Soll nach Punga (E. u. M. 1912) ausgeprägte Bremswirkung haben!
L. III	36	63	Versuchsmotor; schleicht!

Leider kann Punga in seiner Arbeit für die Motoren L. IV, L. V und L. II keine Drehmomentenlinien angeben, so daß ein Vergleich nicht möglich ist.

Die Aufstellung der Treppendiagramme kann, da hiervon unabhängig, ohne Berücksichtigung der Bauart vorgenommen werden. Für die sonstige Durchrechnung der gewählten Maschinen L. VI, L. IV, L. VII und L. V wurde der Versuchsständer angenommen. Die Maße der Läufer mußten, um Vergleiche ziehen zu können, den Größen der Versuchsläufer angepaßt werden. Für die Läufer L. I, L. II und L. III wurden die bekannten Abmessungen der Nuten, Stäbe, Ringe u. a. in Abhängigkeit von der Läuferzähnezahl aufgetragen, aus diesen Schaulinien die unbekannten Größen der anderen Maschinen als wahrscheinliche Werte abgelesen und den Rechnungen zugrunde gelegt.

Die Treppendiagramme in Verbindung mit den Schaulinien des Zusatzfeldes ergeben die im oberen Teil der Zahlentafel II wiedergegebene mittlere Zahl der über den Maschinenumfang verteilten Zusatzpolpaare p'_{z_m}.

Mit Hilfe dieser Größen lassen sich unter Anwendung der früher gegebenen Gleichungen die Satteldrehzahlen rechnerisch bestimmen. Sie sind im unteren Teil der Zahlentafel II vergleichsweise mit den gemessenen Werten zusammengestellt.

Zu der Zahlentafel II ist allgemein zu bemerken, daß zur Stromlieferung die Versuchsfeldmaschine 7, ein Drehstromgenerator mit Einlochwicklung, herangezogen wurde, dessen Spannungslinie recht bedeutende Harmonische der 5. und 7. Ordnung aufweist. Durch diese Harmonischen werden zeitliche Feldoberwellen hervorgerufen, die mit einer von n_1 verschiedenen Geschwindigkeit (siehe Seite 87) umlaufen. Sie können die Größe des Drehmomentes mehr oder weniger beeinflussen. Eine Sattelbildung kommt jedoch im untersuchten Gebiet des Motors nicht zustande.

Ein Vergleich der in Zahlentafel II wiedergegebenen Werte mit den aufgenommenen Drehmomentenlinien läßt einige bemerkenswerte Tatsachen erkennen.

Der durch die Phasenablösung hervorgerufene, beim Dreiphasenmotor bei $\frac{n_1}{7}$ liegende Sattel ist im vorliegenden Falle nur von geringer Bedeutung. Die Überein-

Zahlen-

Nr.	Bezeichnung	Grundgleichung	Satteldrehzahlen der					
			L. VI ($Z_2 = 29$)		L. IV ($Z_2 = 33$)		L. VII ($Z_2 = 36$)	
			gerechnet, Nutenöffnungen		gerechnet, Nutenöffnungen		gerechnet, Nutenöffnungen	
			vernach-lässigt	berück-sichtigt	vernach-lässigt	berück-sichtigt	vernach-lässigt	berück-sichtigt
1	Gesamte mittlere Zusatzpolpaarzahl	p'_{z_m}	10,0	9,0	10,5	10,5	10,5	9,0
2	Satteldrehzahl der Phasenablösung (siehe Seite 89)	$n_{s-Ph} = \dfrac{n_1}{2m_1+1} = \dfrac{n_1}{7}$	215		215		215	
3	Ständersatteldrehzahl des Verfassers (s. S. 90)	$n_{ss} = \dfrac{n_1}{2q_1 m_1 + 1} = \dfrac{n_1}{19}$	79		79		79	
4	Erste Ständersatteldrehzahl n. Kloss (S. 91)	$n_{ss_1 k} = \dfrac{n_1}{q_1 \cdot m_1} = \dfrac{n_1}{9}$	167		167		167	
5	Zweite Ständersatteldrehzahl n. Kloss (S. 91)	$n_{ss_2 k} = \dfrac{n_{ss_1 k}}{2} = \dfrac{n_1}{18}$	83		83		83	
6	Satteldrehzahl der Zusatzpolbildung (S. 96)	$n_{s-zp} = \dfrac{n_1}{2 p_{z_m}}$	150	167	143	143	143	167
7	Desgleichen infolge besonderen Z_2. Görgessches Phänomen (s. S. 97)	$n'_{s-zp} = \dfrac{n_{s-zp}}{2}$						
8	Satteldrehzahl der Zusatzpolbewegung (s. S. 98)	$n_{s-zb} = -\dfrac{4m_1 - 2p_{z_m}}{2 p_{z_m}} \cdot n_1$	-300	-500	-214	-214	-214	-500
9	Sattelbildungen, deren Entstehung aus aufgenommener Differenzspannungslinie auf Zusatzfeld zurückgeführt wird (S. 114)							
10	Unerforscht gebliebene Sattelbildungen der untersuchten Motoren							

Beiträge zur Kenntnis des Schleichens der Drehstrom-Asynchronmotoren.

tafel II.

Läufer in Umdr./Min.													
L. I ($Z_2 = 40$)			L. V ($Z_2 = 47$)			L. II ($Z_2 = 57$)			L. III ($Z_2 = 63$)			Bemerkungen
gerechnet, Nutenöffnungen		gemessener Sattel bei	gerechnet, Nutenöffnungen		gemessener Sattel bei	gerechnet, Nutenöffnungen		gemessener Sattel bei	gerechnet, Nutenöffnungen		gemessener Sattel bei	
vernachlässigt	berücksichtigt		vernachlässigt	berücksichtigt		vernachlässigt	berücksichtigt		vernachlässigt	berücksichtigt		
10,0	8,0		10,0	11,0		14,0	16,0		16,5	18,0		
215	220		215			215	265		215	245		
79	75		79			79	90		79	90		
167	150		167			167			167			
83	75		83			83	90		83	90		
150	188	150	150	136	107	94	90	91	83	90		
84	75	75										Nur, wenn $\frac{Z_2}{2\,p'_{z_m}} = 2$
−300	−750	−300	−300	−136	214	375	420	408	500	445		
				−90 −300				¹)			¹)	¹) Die Sattel der Läufer L. II und L. III bei − 100 und − 300 U./M. dürften auch, wie beim Läufer L. I, auf das Zustandekommen des Zusatzfeldes zurückzuführen sein. Die Differenzspannungslinie läßt das hier jedoch nicht mit Sicherheit erkennen.
								−100¹) −300¹)			−100¹) −300¹)	

stimmung von Rechnung und Messung ist als gut zu bezeichnen. Auch Arnold, Heubach, Punga und Kloss haben an den von ihnen untersuchten Dreiphasenmotoren, unabhängig von der Zahnung, bei $\frac{n_1}{7}$ Sattelbildungen beobachtet. Die ersten geben hierfür aber andere Erklärungen.

Der Einfluß der Ständernutung auf die Drehmomentenlinie ist gering. Beim Läufer L. I tritt bei der errechneten Drehzahl ein starker Sattel auf, der aber durch weitere Ursachen verstärkt wird. Bei den Läufern L. II und L. III können an dieser Stelle keine Sattelbildungen festgestellt werden.

Die in der Zahlentafel unter 6., 7. und 8. angeführten, durch die Zickzackstreuung verursachten Sattlungen sind durch die Rechnungsvorgänge wieder gut erfaßt. Zwischen den unter Vernachlässigung und den unter Berücksichtigung der Nutenöffnung ermittelten Satteldrehzahlen sind Abweichungen festzustellen. Die unter Berücksichtigung der Nutenöffnungen entwickelte Rechnung stellt einen idealen Fall dar. In Wirklichkeit wird dadurch ein Zwischenzustand herbeigeführt, daß ein Teil der Zickzackkraftlinien nach teilweiser Durchdringung der Nuten seitlich in den Zahn eintritt. Das Zusatzfeld wird dann mehr dem unter Vernachlässigung der Nuten ermittelten ähneln. Eine weitere Abweichung des Zusatzfeldes vom ideell gerechneten wird infolge von Verschmieren der scharfen Kanten der Treppendiagramme eintreten. Am ehesten kann die Wirklichkeit, was auch die Zahlentafel II bestätigt, etwa durch einen Mittelwert aus beiden Rechnungen berücksichtigt werden.

Die wichtigen großen Sattel des Läufers L. I bei — 90 und — 300 Uml./Min. können, wie auf Seite 114 an Hand der aufgenommenen Differenzspannungslinie gezeigt wird, auf das Vorhandensein der Zusatzfelder zurückgeführt werden. Die Differenzspannungslinie weist an diesen Stellen, ähnlich wie bei Geschwindigkeiten, bei denen sich der Läufer nachweislich in einem Zustande des Synchronismus zum Zusatzfelde befindet, Unregelmäßigkeiten auf.

Auch bei den Läufern L. II und L. III dürften die Sattel bei — 100 und — 300 minutlichen Umläufen auf die gleiche Ursache zurückführbar sein, obwohl die normalerweise schwach ausgeprägte Differenzspannungslinie dieses nicht erkennen läßt. (Näheres im zweitnächsten Abschnitt über die Differenzspannung.) Trotz vieler Tastversuche ist es leider nicht gelungen, die Entstehung dieser, besonders für die Größe des Hochlaufmomentes wichtigen Sattel ganz zu erkennen.

Aus der Zusammenstellung geht hervor, daß für den größeren Teil der gemessenen Sattlungen die Entstehung richtig erkannt ist. Für einen kleinen, allerdings sehr wichtigen Rest kann auf Grund besonderer Beobachtungen auf die wahrscheinliche Ursache zurückgeschlossen werden.

Die Ergebnisse der Untersuchungen lassen die Abhängigkeit der wichtigsten Sattelbildungen von der Zickzackstreuung erkennen. Die Scheitelgröße der Zusatzdrehmomente hängt von der Größe der Zusatzfelder ab, die ihrerseits von der Zickzackstreuung Φ_z und dem Nutenverhältnis beeinflußt werden. Hiermit soll aber nicht gesagt werden, daß eine kleine Zickzackstreuung auch ein günstiges Verhalten der Maschine beim Anlaufen zeitigt. Allerdings ist bei sonst richtiger Wahl der Zahnung eine im Verhältnis zum Nutzfluß geringe Zickzackstreuung vorteilhaft.

b) Der Strom.

Beim Läufer L. I hat die gemessene Stromkennlinie (s. Fig. 11) im Gebiet der durch das Zusatzfeld erzeugten Sattel bei $n = 75$ bzw. 150 Uml./Min. einen unregelmäßigen Verlauf. An diesen Stellen wird durch einen übergelagerten zusätzlichen Ständerstrom eine recht starke Ausbuchtung hervorgerufen, die den eigentümlichen Verlauf der Stromlinie in der Nähe eines Synchronismus aufweist. Der Ständerstrom nimmt hier mit geringer werdender Schlüpfung erst langsam, dann immer schneller ab, bis bei Synchronismus mit dem Felde die unterste Grenze erreicht wird. Bei Synchronismus mit dem Hauptfelde ist diese durch den Magnetisierungsstrom und die Eisenverluste gegeben. Für den übergelagerten Zusatzstrom wird der gleiche Punkt durch die entsprechenden zusätzlichen Werte bestimmt. Bei negativ werdender Schlüpfung, d. h. übersynchronem Lauf, findet in symmetrischer Weise wieder ein Anstieg des Stromes statt. Die in Abhängigkeit von der Schlüpfung aufgetragene Stromkennlinie hat somit an diesen Stellen einen V-ähnlichen Verlauf. Eine gleiche Erscheinung tritt entsprechend auch bei den hier nicht wiedergegebenen Leistungs-, Phasenverschiebungs- und anderen Kennlinien auf. Die Kennlinien der beiden anderen Läufer L. II und L. III (siehe Fig. 12 und 13) zeigen einen als üblich zu bezeichnenden ununterbrochenen Verlauf.

Das abweichende Verhalten des ersten Läufers ist durch die gewählte, durch $2p$ teilbare Zähnezahl Z_2 bedingt. Es entfallen bei ihm auf jede Ständerpolteilung $\frac{Z_2}{2p} = \frac{40}{4} = 10$ Läuferzähne, die in symmetrischer Weise vom Zusatzfluß durchdrungen werden. Der Zusatzfluß erzeugt in den Stäben des Läufers zusätzliche EMK-e verschiedener Frequenz, die sich zum Teil im Gleichgewicht halten und zum Teil zum Ausgleich kommen. In diesem besonderen Falle entsteht, von den hohen Ausgleichströmen herrührend, für alle Polteilungen ein gleiches, und zwar symmetrisch ausgebildetes, zusätzliches Läuferfeld, welches in der Ständerwicklung generatorisch EMK-e erzeugt. Finden diese einen Ausgleich, so entstehen im Verlauf des Ständerstromes die beobachteten Sattel.

Bei den Läufern L. II und L. III, bei denen $\frac{Z_2}{2p}$ keine ganze Zahl ist, hat das Zusatzfeld einen unregelmäßigen Verlauf. Die im Läufer zum Ausgleich kommenden Zusatzströme sind nicht in der Lage, ein symmetrisches Läuferfeld, wie beim Läufer L. I (vgl. die Fig. 16 und 17 mit den Fig. 4 und 5) hervorzurufen. Die im Ständer induzierten EMK-e heben sich zum größten Teil auf, so daß eine nennenswerte Beeinflussung des Ständerstromes nicht stattfindet.

c) Die Differenzspannung.

Im ersten Teil wurde bereits nachgewiesen, daß in den Stäben des Läufers übergelagerte Zusatzströme höherer Ordnung entstehen. Die Frequenz der Zusatzströme ist verschieden und hängt von mehreren Bedingungen ab. Zu nennen ist von diesen neben dem Einfluß der Netzfrequenz und der Läuferschlüpfung der Einfluß der Zusatzpolzahl, ferner die Gleichmäßigkeit der räumlichen Verteilung der Zusatzpole sowie der Veränderlichkeitsgrad der Form der einzelnen Zusatzfelder.

Die Größe des Zusatzflusses ist proportional der Zickzackstreuung, in Annäherung auch den Strömen in Läufer und Ständer. Die Zusatzflüsse und der zusätzliche Läuferstrom stehen in ähnlicher Abhängigkeit zur Schlüpfung s wie der Hauptstrom. Es wird also der zusätzliche Läuferstrom mit zunehmender Schlüpfung erst schnell anwachsen, um dann bei größerer Schlüpfung nur noch eine geringe Steigerung zu erfahren (vgl. auch in den Fig. 11, 12 und 13 die Linien für Φ_z und J_1).

Die zusätzlichen Läuferströme erzeugen ähnlich wie die Ströme in einer Erregerwicklung bei Bewegung des Ankers in der stillstehenden Ständerwicklung EMK-e, deren Frequenz von der Frequenz der Zusatzströme und der Eigenfrequenz des Läufers abhängt. Die Größe der zusätzlichen Ständer EMK ist proportional der jeweiligen Größe und Frequenz des Zusatzfeldes Φ_{Zu_2} und der Drehfrequenz ν des Läufers (nicht zu verwechseln mit der Netzfrequenz ν_1 oder der Schlüpffrequenz ν_2 des Läufers. ν ist hier in Analogie zur Umlaufzahl n ohne Index eingeführt). Letztere ist im Stillstand gleich null und wächst linear mit zunehmender Drehzahl des Läufers.

Wird die Frequenz des zusätzlichen Läuferstromes als gleichbleibend angenommen oder die Gleichung nur für eine bestimmte Frequenz aufgestellt, so ist die Größe der zusätzlichen Ständer-EMK durch $c \cdot \nu \cdot \Phi_{Zu_2}$ bestimmt. Es wird somit die Zusatz-EMK für $s = 1$ und $s = 0$ in beiden Fällen null sein; im ersten Falle weil $\nu = 0$ und im zweiten weil $\Phi_{Zu_2} = 0$ ist. Die in Abhängigkeit von s aufgetragene zusätzliche EMK muß einen Verlauf zeigen, der sich mit dem der E_d - Linie in Fig. 11 deckt. Weist der Läuferzusatzstrom Unregelmäßigkeiten, wie Sattelbildungen, auf, so müssen diese auch im Verlauf der EMK-Linie in Erscheinung treten.

Bei einer durch $2p$ unteilbaren Läuferzähnezahl halten sich die zusätzlichen EMK-e sowohl im Läufer wie auch im Ständer größtenteils im Gleichgewicht und nur ein geringer Teil kommt zum Ausgleich. Der umgekehrte Fall tritt ein, wenn $\dfrac{Z_2}{2p}$ eine ganze Zahl ist. Natürlich erreicht dadurch auch die zum Ausgleich kommende induzierte EMK im Ständer einen höheren Betrag.

Die in der angedeuteten Weise hervorgerufene zusätzliche Spannung kann als eine Oberwelle angesehen werden.

Bei Sternschaltung der Ständerwicklung finden solche Oberwellen, deren Ordnung durch $x m_1$ teilbar ist, keinen Ausgleich. In diesem Falle kann eine höhere Phasenspannung gemessen werden, als sie der gemessenen verketteten entsprechen würde. Der algebraische Unterschied zwischen der gemessenen und der berechneten Spannung soll mit „Differenzspannung E_d" bezeichnet werden. Die im Ständer erzeugte Zusatzspannung braucht mit der Phasenspannung nicht in Phase zu liegen. Die Differenzspannung ist somit kleiner als diese Zusatzspannung, wozu noch kommt, daß letztere im allgemeinen auch Oberwellen enthalten wird, deren Ordnung nicht durch $x m_1$ teilbar ist.

Der Läufer L. I läßt bei 75 bzw. 150 Uml./Min. in der Kennlinie der Differenzspannung (Fig. 11) und der Kennlinie des Ständerstromes deutliche Sattelbildungen erkennen. Beide Sattel verdanken ihre Entstehung den Zusatzflüssen. Weitere Sattlungen in der E_d-Linie können bei dem Läufer L. I. im Wirkungsgebiet der Maschine als Motor nicht mehr festgestellt werden. Tatsächlich könnten auch keine weiteren entstehen, da die anderen Drehmomentensattlungen von den Zusatzfeldern unabhängig sind. Der Drehmomentensattel bei — 300 Uml. i. d. Min. entsteht durch das Wandern der Zusatzpole, ist also wieder vom Zusatzfeld abhängig. Eine Beeinflussung der Differenzspannung im geschilderten Sinne kann auch hier beobachtet werden. Bei — 90 Uml. i. d. Min. ist in der E_d-Linie eine weitere starke Sattlung vorhanden. Es kann nun umgekehrt mit großer Wahrscheinlichkeit zurückgeschlossen werden, daß auch die bedeutende Sattelbildung dieser Stelle durch das Zusatzfeld mindestens stark beeinflußt wird.

Bei den Läufern L. II und L. III ist $\frac{Z_2}{2p}$ nicht restlos teilbar und somit die Bildung einer wesentlichen Differenzspannung nach dem Gesagten nicht zu erwarten, was die Versuche auch bestätigen. In den gemessenen Differenzspannungslinien können mit Sicherheit Sattlungen nicht festgestellt werden. Wie jedoch die eingetragenen Meßpunkte. erkennen lassen, ist die Differenzspannung an mehreren Stellen, bei denen die Drehmomentenlinien Sattel aufweisen, Schwankungen unterworfen. Diese Schwankungen lassen mit großer Wahrscheinlichkeit erkennen, daß auch bei den Läufern L. II und L. III die Entstehungsursache der Drehmomentensattel bei — 100 und — 300 Uml. i. d. Min. auf das Zustandekommen von Zusatzflüssen der untersuchten Art zurückzuführen sind.

Die besondere Gestaltung der Differenzspannungslinie bestätigt, daß **die wichtigsten Sattlungen durch die aus der Zickzackstreuung entstandenen Zusatzflüsse hervorgerufen** werden.

d) Die Flüsse.

Durch Konstruktion des Heylandkreises kann man das Verhalten der Maschine bei verschiedenen Schlüpfungen vorausbestimmen. Während bei Motoren mit Phasenanker die Übereinstimmung von Messung und Rechnung befriedigend ist, ergibt der Heylandkreis bei Käfigankermaschinen für größere Schlüpfungen meist stärkere Abweichungen gegenüber den Meßwerten, da die Neigung zur Sattelbildung unberücksichtigt bleibt. Als mittelbare Ursache der Sattelbildungen wurden die aus der Zickzackstreuung entstehenden Zusatzflüsse erkannt.

Sind in üblicher Weise aus den Eisen- und mechanischen Leerlaufverlusten der Wirkstrom und der blindwirkende Magnetisierungsstrom bestimmt, so kann nach

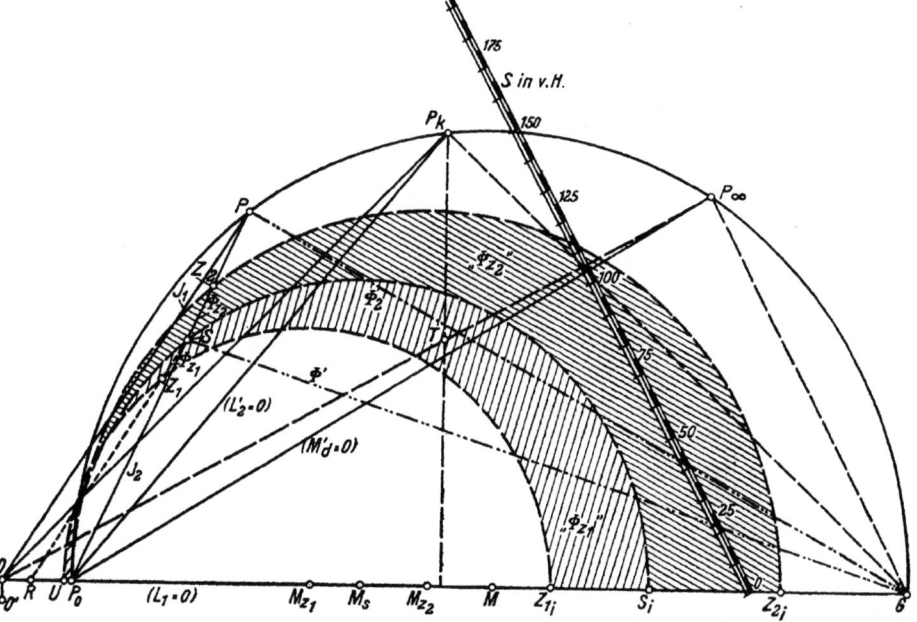

Fig. 18. Heylandkreis für den Läufer L. III.

Fig. 18 durch Auftragung des ersteren von $0'$ nach 0 und des letzteren von 0 nach P_0 ein Punkt — der Leerlaufpunkt — des Heylandkreises gewonnen werden. Die Strecken $\overline{O'O}$ und $\overline{OP_0}$ wurden der Deutlichkeit wegen verzerrt groß aufgetragen.

In der als verlustlos zu betrachtenden Maschine wird im Stillstand die gesamte aufgedrückte Phasenspannung E_{Ph} zur Erzeugung von Streuflüssen Φ_{s_1} und Φ_{s_2} verbraucht. Der primäre Kraftfluß ist

$$\Phi_1 = \frac{E_{Ph}}{4{,}44 f_{w1} \cdot N_1 \cdot v_1 \cdot 10^{-8}} = \Phi_{s_1} + \Phi_{s_2}, \tag{18}$$

wo N_1 die gesamte in Reihe geschaltete Windungszahl einer Phase bedeutet. Nun ist aber der primäre Streufluß

$$\Phi_{s_1} = 0{,}4\pi \cdot q_1 \cdot z_1 \cdot J_{k_{i_1}} \cdot \sqrt{2} \cdot \sum \Lambda_1 = c_1 \cdot J_{k_{i_1}} \cdot \sum \Lambda_1 \tag{19}$$

und der sekundäre

$$\Phi_{s_2} = 0{,}4\pi \cdot q_2' \cdot z_2 \cdot J_{k_{i_2}}' \cdot \sqrt{2} \cdot \sum \Lambda_2 = c_3 \cdot J_{k_{i_2}}' \cdot \sum \Lambda_2. \tag{20}$$

Hierin sind Λ_1 und Λ_2 die Leitfähigkeiten der Streuwege, bezogen auf dreiachsige Wicklung. z_1 und z_2 bedeuten die Anzahl der in Reihe geschalteten Stäbe einer Nut und q_1 bzw. q_2' die Nutenzahlen pro Pol und Ständerphase; $q_1 = \dfrac{Z_1}{2 \cdot p \cdot m_1}$ und $q_2' = \dfrac{Z_2}{2 \cdot p \cdot m_1}$. $J_{k_{i_1}}$ ist der primäre und $J_{k_{i_2}}'$ der auf die Primärseite bezogene sekundäre ideelle Kurzschlußstrom. Aus dem Sekundärstrom berechnet, ergibt sich

$$J_{k_{i_2}}' = J_{k_{i_2}} \cdot \frac{m_2 \cdot N_2 \cdot f_{w_2} \cdot p}{m_1 \cdot N_1 \cdot f_{w1}}. \tag{21}$$

Hierin bedeutet $m_2 = \dfrac{Z_2}{2p}$ die Phasenzahl und $N_2 = 1$ die Zahl der in Reihe geschalteten Windungen einer Phase des Käfigankers. $J_{k_{i_1}}$ ist etwa um den halben Magnetisierungsstrom größer als der auf die Primärseite umgerechnete Sekundärstrom $J_{k_{i_2}}'$. Setzt man angenähert

$$J_{k_{i_2}}' = 0{,}97 \cdot J_{k_{i_1}}, \tag{22}$$

so geht unter Berücksichtigung der Gleichungen (19), (20), (21) und (22) die Bedingung (18) über in

$$\Phi_1 = \Phi_{s_1} + \Phi_{s_2} = 0{,}4\pi \cdot q_1 \cdot z_1 \cdot J_{k_{i_1}} \cdot \sqrt{2} \cdot \sum \Lambda_1 + 0{,}4\pi \cdot q_2' \cdot z_2 \cdot 0{,}97 \cdot J_{k_{i_1}} \cdot \sqrt{2} \cdot \sum \Lambda_2$$
$$= c_1 \cdot J_{k_{i_1}} \cdot \sum \Lambda_1 + c_2 \cdot J_{k_{i_1}} \cdot \sum \Lambda_2 = J_{k_{i_1}} \cdot (c_1 \cdot \sum \Lambda_1 + c_2 \sum \Lambda_2). \tag{23}$$

In Gleichung (23) sind die beiden unveränderlichen Größen c_1 und c_2 in erster Linie von der baulichen Ausführung abhängig. Werden die Summen der Leitfähigkeiten der Streuwege bestimmt, so kann aus Gleichung (23) der primäre ideelle Kurzschlußstrom $J_{k_{i_1}}$ ermittelt und nach Fig. 18 im Schaubild von 0 nach G aufgetragen werden. G ist sodann ein zweiter Punkt des Heylandkreises.

Durch beide Punkte ist der Heylandkreis eindeutig bestimmt. Der Kreismittelpunkt liegt im Halbierungspunkt M der Strecke $\overline{P_0 G}$.

Für den ideellen Kurzschlußzustand ergibt sich der Blindwiderstand aus

$$r_0 = \frac{E_{Ph}}{J_{k_{i_1}}}. \tag{24}$$

Der wirkliche Kurzschlußpunkt im Heylandkreis ist durch das Hinzukommen des

Ohmschen Kurzschlußwiderstandes $r_k = r_1 + r_2'$ festgelegt. Aus beiden Teilwerten ergibt sich der Scheinwiderstand

$$r_s = \sqrt{r_0^2 + r_k^2} \qquad (25)$$

und somit der wirkliche primäre Kurzschlußstrom J_{k_1} zu

$$J_{k_1} = \frac{E_{Ph}}{r_s}, \qquad (26)$$

bei einem

$$\cos \varphi_{k_1} = \frac{r_k}{r_s}. \qquad (27)$$

J_{k_1} unter $\cos \varphi_{k_1}$ aufgetragen ergibt den wirklichen Kurzschlußpunkt P_k. Wird vom Punkte P_k ein Lot auf die Gerade $\overline{P_0 G}$ gefällt und dieses in T im Verhältnis der Ständer- und entsprechend bezogenen Läuferwiderstände $\left(\text{also } \frac{r_1}{r_2'}\right)$ geteilt, und zwar so, daß oben r_2' und unten r_1 aufgetragen wird, so läßt sich nach Verbindung von 0 mit T und Verlängerung dieser Linie bis zum Schnitt mit dem Kreise in P_∞ der Unendlichkeitspunkt ermitteln.

Für einen bestimmten Kreispunkt P kann dann in üblicher Weise ein Teil der wichtigsten Motoreigenschaften abgegriffen werden. So ist $\overline{O'P}$ der primäre, $\overline{P_0 P}$ mit großer Annäherung der auf die Primärseite bezogene sekundäre Strom J_2'. Streng ist $\overline{P_0 P} = \frac{J_2'}{1 + \tau_1}$, worin τ_1 eine Unveränderliche ist, die auch als Heylandscher Streufaktor bezeichnet wird. τ_1 ergibt sich aus

$$\frac{\tau_1}{1 + \tau_1} = \frac{\Phi_{s_1}(\text{Leerlauf})}{\Phi_1} \text{ zu } \tau_1 = \frac{\Phi_{s_1}(\text{Leerlauf})}{\Phi_1 - \Phi_{s_1}(\text{Leerlauf})} = \frac{\Phi_{s_1}(\text{Leerlauf})}{\Phi'},$$

worin Φ', der Luftspaltkraftfluß im Leerlauf, dem Durchmesser $\overline{P_0 G}$ des Kreisdiagrammes entspricht. Die Ordinatenhöhe des Punktes P bis zur Linie ($L_2' = 0$) ergibt die theoretisch vom Läufer abgegebene Nutzleistung, wogegen die gesamte Höhe von P bis zur Linie ($L_1 = 0$) die vom Ständer aufgenommene Leistung darstellt. Das Stück dieses Lotes von P bis zum Schnitt mit der Geraden ($M_d' = 0$) ist gleich dem Luftspaltdrehmoment M_d'. Das vom Motor abgegebene Drehmoment M_d ist stets um das jeweilige Moment der Luft- und Lagerreibung geringer. Die Schlüpfung wird durch ein Strahlenbündel dargestellt, dessen Scheitel auf dem Kreise im Punkte G liegt. Die Punkte der Schlüpfungslinie „s in v. H." für Null bzw. 100 v. H. Schlüpfung sind durch den Schnitt der beiden Strahlen $\overline{GP_0}$ bzw. $\overline{GP_k}$ mit einer beliebigen Parallelen zu $\overline{GP_\infty}$ festgelegt. Wird die Schlüpfungslinie zwischen den Strahlen für Synchronismus bzw. Stillstand in hundert gleiche Teile geteilt und ein beliebiger Strahl $\overline{PG}$ gezogen, so kann für den Punkt P auf der Schlüpfungslinie die zugehörige Schlüpfung in v. H. abgelesen werden.

Endlich können dem Heylandkreise bekanntlich auch Flüsse und Streuungen entnommen werden.

Bei Synchronismus entspricht die Streuung im Ständer der Strecke $\overline{RP_0}$; im stromlosen Läufer ist $\Phi_{s_2} = 0$, so daß der sekundäre Nutzfluß $\Phi_2 = \Phi'$ gleich dem Kreisdurchmesser $\overline{P_0 G}$ wird. Φ_1 wird somit gleich $\Phi' + \Phi_{s_1} = (1 + \tau_1) \cdot \Phi'$. Hieraus kann die Strecke $\overline{RG}$ für den Primärfluß Φ_1 zu $\Phi' \cdot (1 + \tau_1)$ bestimmt werden. R ist ein fester Punkt. Φ_1 durch $\overline{RG}$ geteilt ergibt den Flußmaßstab.

RG ist im ideellen Kurzschluß proportional der Summe der primären und sekundären Streuungen. Es ist hier also $\Phi_{s_1} + \Phi_{s_2} = \Phi_1$. Wird die Strecke $\overline{RG}$ im Punkte S_i im Verhältnis der Streuflüsse Φ_{s_1} und Φ_{s_2} geteilt und um M_s mit $\dfrac{P_0 S_i}{2}$ ein Kreis durch die Punkte P_0 und S_i gelegt, so können weitere Motoreigenschaften abgelesen werden. P mit P_0 verbunden ergibt die Größe $\dfrac{J_2'}{1+\tau_1}$, woraus der Läuferstrom bestimmt werden kann. Der Abschnitt der Strecke von P bis zum Schnitt mit dem Kreise im Punkte S ist der sekundären Streuung Φ_{s_2} proportional. Φ_{s_1} ist proportional J_1 und wird auf einer zum Primärstrom parallel verlaufenden Geraden $\overline{SR}$ abgelesen. $\overline{SG}$ ist dem Luftspaltkraftfluß Φ' und $\overline{PG}$ dem Nutzfluß Φ_2 proportional.

Die Ständer- und die Läuferstreuung Φ_{s_1} bzw. Φ_{s_2} setzen sich aus der Nutenstreuung, der Stirnkopfstreuung und der Zickzackstreuung zusammen.

Die einfachste Form der Streuung ist die **Nutenstreuung**. Für die angenähert rechteckigen Ständernuten (s. Fig. 19) wird die Leitfähigkeit des Nutenstreuweges für 1 cm Maschinenlänge aus

$$\lambda_{n_1} = \frac{h_1}{2a_1} + \frac{h_2}{a_1} + \frac{2h_3}{a_1 + n_1} + \frac{h_4}{n_1} \qquad (28)$$

berechnet. Für die gewöhnlich halbgeschlossenen, runden Läufernuten ist die spezifische Leitfähigkeit, d. h. für 1 cm Maschinenlänge,

$$\lambda = 0{,}623 + \frac{h_4}{n_2} \qquad (29)$$

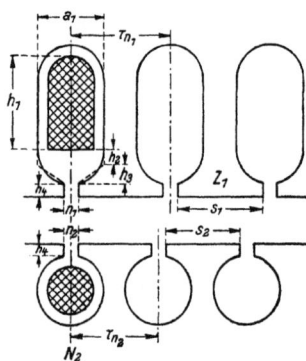

Fig. 19.

von den Abmessungen der eigentlichen Nut unabhängig. Hieraus ergibt sich — je Polpaar berechnet — die gesamte Leitfähigkeit der Nutenstreuung für die ganze Maschinenlänge l_e im Ständer

$$\Lambda_{n_1} = 2 \cdot \frac{\lambda_{n_1}}{q_1 \cdot f_{w_1}} \cdot l_e \qquad (30)$$

und im Läufer

$$\Lambda_{n_2} = 2 \cdot \frac{\lambda_{n_2}}{q_2'} l_e. \qquad (31)$$

Die primäre Nutenstreuung ist in allen Nuten gleich groß und mit allen Leitern verkettet. Aus diesem Grunde erscheint in der Gleichung (30) der Wicklungsfaktor f_{w_1}. Die sekundäre Nutenstreuung ist im Käfiganker für jede Nut verschieden, eine Verkettung mit allen Leitern der Primärwicklung liegt nicht vor, so daß der Wicklungsfaktor, und zwar f_{w_1} in Gleichung, (31) wegfällt[1]).

Eine zweite Art ist die **Stirnstreuung**, deren Leitfähigkeit für dreiphasige Wicklung und je Polpaar allgemein durch die Gleichung

$$\Lambda_s = 2 \cdot (0{,}7\, l_s - 0{,}4\, \tau_p') \cdot K \qquad (32)$$

---

[1]) Auf eine eingehende Behandlung dieser von Kloss untersuchten Verhältnisse soll an dieser Stelle verzichtet werden. Professor Kloss beabsichtigt, diese Frage in einer späteren Veröffentlichung besonders zu behandeln.

bestimmt ist. Hierin bedeutet l_s die gestreckte Länge einer aufgeschnitten gedachten Spule und τ_p' die in Mitte Nut gemessene Polteilung. K ist eine Zahl, durch welche der Einfluß der Läuferbauart auf diese Streuung Berücksichtigung findet. Sie beträgt nach Kloss bei Käfigankern mit weit abstehenden Ringen 0,8 und bei solchen mit enganliegenden Ringen 0,9 bis 1,0.

Die dritte — die Zickzackstreuung — ist maßgebend für die Erscheinung des Schleichens.

Aus den Zahnköpfen treten stets Streulinien aus, welche bei Maschinen, deren doppelter Luftspalt größer als eine einfache Nutenöffnung ist, wieder in den benachbarten Zahn eintreten, ohne den Luftspalt zweimal zu durchdringen und den anderen Maschinenteil zu berühren. Zu dieser Maschinengattung gehören hauptsächlich die Synchronmaschinen. Bei Asynchronmaschinen wird der Luftspalt sehr gering gehalten, so daß ein großer Teil dieser Streuung nach dem Durchdringen des Luftspaltes erst ein Stück der gegenüberliegenden Maschinenhälfte durchfließt, bevor er an einer beliebigen, dauernd wechselnden, aber periodisch wiederkehrenden Stelle in den Ursprungsteil zurücktritt. In diesem Falle geht die Zahnkopfstreuung in die Zickzackstreuung über. Steht der Mitte eines Ständerzahnes von der Breite s_1 eine Läufernut der Breite n_2 gegenüber, so erreicht die Leitfähigkeit der Zickzackstreuung ihren Höchstwert. Es ist

$$\lambda_{z_{max}} = \frac{s_1 - n_2}{2 \cdot 2 \cdot \delta} = \frac{s_1 - n_2}{4 \cdot \delta}. \tag{33}$$

Stehen sich dagegen, wie in der Fig. 19 in N_2, 2 Nuten gegenüber, so ist

$$\lambda_{z_{min}} = 0. \tag{34}$$

Aus beiden Grenzbedingungen ergibt sich der Mittelwert

$$\lambda_{z_m} = \frac{s_1 - n_2}{2 \cdot 4 \cdot \delta} = \frac{s_1 - n_2}{8 \cdot \delta}. \tag{35}$$

Die Zickzackstreuung wird angenähert zur Hälfte vom Ständer und zur Hälfte vom Läufer bestritten, so daß sich für den Ständer

$$\lambda_{z_1} = \frac{s_2 - n_1}{2 \cdot 8 \cdot \delta \cdot f_{w_1}} = \frac{s_2 - n_1}{16 \cdot \delta \cdot f_{w_1}} \tag{36}$$

ergibt. Die primäre Zickzackstreuung ist ähnlich der Nutenstreuung mit allen Ständerleitern verkettet, so daß in Gleichung (36) wieder der Wicklungsfaktor erscheinen muß. Für den Käfiganker wird einfach

$$\lambda_{z_2} = \frac{s_1 - n_2}{16 \cdot \delta}. \tag{37}$$

Aus den Gleichungen (36) und (37) läßt sich die gesamte Leitfähigkeit der Zickzackstreuung pro Polpaar und einem Übersetzungsverhältnis 1:1 aus

$$\Lambda_z = \left[2 \cdot \frac{s_2 - n_1}{q_1 \cdot f_{w_1}} + 2 \cdot \frac{s_1 - n_2}{q_2'} \right] \cdot \frac{l_e}{16 \cdot \delta} \tag{38}$$

bestimmen.

Nun ist

$$\sum \Lambda_1 = \Lambda_{n_1} + \Lambda_{s_1} + \Lambda_{z_1} \tag{39}$$

und

$$\sum \Lambda_2 = \Lambda_{n_2} + \Lambda_{z_2}. \tag{40}$$

Werden diese Werte in Gleichung (23) eingesetzt, so kann jetzt $J_{k_{i_1}}$ aus Φ_1 ermittelt werden.

Nun wieder zum Heylandkreis zurückkehrend.

Der in Fig. 18 dargestellte Strahl $\overline{P_0P}$ steht mit dem einen Endpunkte in P_0 auf dem Kreisbogen $\overparen{P_0G}$ fest, während der andere Punkt P auf diesem Kreise wandert. Jeder Punkt der Geraden, jede Begrenzung eines proportionalen Teilbetrages von ihr muß einen ähnlichen Linienzug beschreiben. Im ideellen Kurzschluß fällt $\overline{P_0P}$ mit $\overline{P_0G}$ zusammen; der sekundäre Streufluß wird $= \overline{S_iG}$. Wird diese Strecke so aufgeteilt, daß $\overline{S_iZ_{2_i}}$ dem Anteil der sekundären Zickzackstreuung entspricht, so ist der geometrische Ort für die Punkte Z_2 ebenfalls ein Kreis. Für einen beliebigen Punkt P wird Φ_{z_2} durch die Strecke $\overline{SZ_2}$ dargestellt und ist bei Synchronismus gleich null.

Φ_{z_1} ist proportional J_1 und wird für den ideellen Kurzschluß durch $\overline{RS_i}$ und für Synchronismus durch $\overline{RP_0}$ dargestellt. Für den ideellen Kurzschluß kann, ähnlich wie bei der sekundären Zickzackstreuung, die primäre Zickzackstreuung als Teilbetrag der Gesamtstreuung $\overline{RS_i}$ von S_i nach Z_{1_i} aufgetragen werden. Bei Synchronismus ist der von $\overline{RP_0}$ auf die Zickzackstreuung entfallende Teilbetrag von P_0 nach U einzutragen.

Der eine Endpunkt des Strahles $\overline{RS_i}$, der die Veränderlichkeit der primären Streuung Φ_{r_1} wiedergibt, bewegt sich auf einem Kreise von S_i nach P_0; jede Begrenzung eines proportionalen Teilbetrages dieses Strahles beschreibt einen ähnlichen Linienzug, d. h. einen Kreis. Wird demgemäß um M_{z_1} mit $\dfrac{\overline{UZ_{1i}}}{2}$ als Radius ein Kreis geschlagen, so ist dieser der geometrische Ort für Z_1. Es ist dann die primäre Zickzackstreuung für einen beliebigen Punkt P gleich $\overline{SZ_1}$.

Durch Einführung der beiden um M_{z_1} und M_{z_2} als Mittelpunkte gezeichneten Kreise in den Heylandkreis wird die Ermittlung der Zickzackstreuungen wesentlich vereinfacht. Für einen beliebigen Punkt P ist das innerhalb der enggestrichelten mit „Φ_{z_2}" bezeichneten Kreissichel liegende Stück der sekundären Streuung gleich der sekundären Zickzackstreuung Φ_{z_2}. Die Größe der primären Zickzackstreuung Φ_{z_1} wird von der weitgestrichelten Kreissichel „Φ_{z_1}" auf der von R aus gemessenen Primärstreuung abgeschnitten. Die beiden Einzelstreuungen setzen sich vektoriell zusammen und ergeben dann die gesamte Zickzackstreuung Φ_z.

Nach dem angegebenen Verfahren lassen sich leicht sämtliche Flüsse getrennt in Abhängigkeit von der Schlüpfung ermitteln. In den Fig. 11, 12 und 13 sind der Luftspaltfluß Φ', der Sekundärfluß Φ_2, ferner die Einzelwerte und die Summe der Zickzackstreuungen Φ_{z_1}, Φ_{z_2} und Φ_z dargestellt.

Mit Hilfe dieser Schaulinien läßt sich für jede beliebige Umlaufzahl der Maßstab der Treppendiagramme und der Überschußflächen berechnen und die absolute Größe der Zusatzfelder ermitteln. Am meisten interessieren die Verhältnisse bei den Satteldrehzahlen. Streng genommen müßten hierbei die Zustände im Gebiet der großen Sattlungen ins Auge gefaßt werden. Da aber alle Flußlinien in der Nähe des Stillstandes stets einen sehr flachen Verlauf haben, so kann sich der Einfachheit halber die Untersuchung auf den Kurzschluß allein erstrecken. Die hierbei in Erscheinung tretenden Abweichungen betragen beim durchgerechneten Motor weniger als ± 3 v. H.

Je geringer im Verhältnis zum Nutzfluß der Zusatzfluß ist, desto größer ist die Aussicht, daß nur schwache Sattel entstehen und störungsfreies Anlaufen stattfindet. Natürlich dürfen hierbei weder die Frequenz der Schwankungen des Zusatzfeldes, noch die Größe dieser Schwankungen oder weitere Einzelheiten eine Änderung des Verhaltens in ungünstigem Sinne bewirken. Wie die Verhältnisse hier liegen, ist noch nicht klar zu übersehen.

Unter Zugrundelegung der in vorliegender Arbeit erwähnten Gesichtspunkte und Rechnungsverfahren wurde eine Durchrechnung des Versuchsmotors und der vier angenommenen Läufer durchgeführt und die Ergebnisse für $n = 0$ in der Zahlentafel III zusammengestellt.

Zahlentafel III.

(Bemerkung: Die fettgedruckten Werte gelten für die untersuchte Maschine.)

Nr.	Bezeichnung	L. VI	L. IV	L. VII	L. I	L. V	L. II	L. III	Ständer
1	Zähnezahl	29	33	36	**40**	47	**57**	63	**36**
2	Nutenöffnung . . . . mm	0,6	0,6	0,6	**0,6**	0,6	**0,6**	0,6	2,5
3	Zahnbreite . . . . mm	16,16	14,13	12,98	**11,55**	9,74	**7,93**	7,13	**11,00**
4	Läufernutendurchmesser . . . mm	7,2	6,8	6,6	**6,2**	5,6	**4,7**	4,2	—
5	Nutzfluß Φ_2 10^3 cgs.	205	210	217	**230**	246	**270**	281	—
6	Zickzackstreuung Φ_z 10^3 cgs. . . .	144	130	122	**113**	98	**81**	72	—
7	In den Läufer über $2\tau_p$ ein- bzw. austretender mittlerer Zusatzfluß $\Phi_{Zu_2 m}$ 10^3 cgs.	42	45	43	**40**	41	**42**	41	Mittelwert 42
8	$100 \cdot \dfrac{\Phi_{Zu_2 m}}{\Phi_2}$	20,5	21,4	19,8	**17,4**	16,7	**15,5**	14,6	keinklares Bild
9	Wirklicher primärer Kurzschlußstrom J_{k_1} Amp. gerechnet	41	43	45	**47**	50	**47**	52	—
	gemessen	—	—	—	**46**	—	**40**	49	—
10	$\cos \varphi_k$ gerechnet[1])	0,68	0,71	0,73	**0,75**	0,78	**0,82**	0,84	—
	gemessen	—	—	—	**0,73**	—	**0,80**	0,72	—

Die Zusammenstellung in Zahlentafel III läßt für den Kurzschlußstrom eine gute Übereinstimmung der gemessenen mit den berechneten Werten erkennen. Die gemessenen Ströme sind durchweg etwas kleiner als die gerechneten. Die Rechnung wurde für gleichbleibende EMK durchgeführt. Beim Versuch nimmt sie jedoch mit wachsender Belastung ab. Das gerechnete $\cos \varphi_k$ stellt die Phasenverschiebung zwischen Primärstrom und Klemmenspannung dar. Die zusätzlichen Verluste haben hierbei keine Berücksichtigung gefunden. Die Abweichung des gemessenen $\cos \varphi_k$ zwischen Primärstrom und Klemmenspannung ist nicht groß. Die in den Spalten 5, 6, 7 und 8 aufgeführten Werte lassen keine Bevorzugung eines bestimmten Ankers erkennen.

Eine genaue, von Fall zu Fall anzustellende Vorausberechnung dürfte erst dann möglich sein, wenn es gelingt, mit Hilfe des aus der Zickzackstreuung abgeleiteten, auf den Läufer wirkenden mittleren Zusatzflusses Φ_{Zu_2m}, der mittleren Anzahl Zusatzpole und der Frequenz der Zusatzfelder für jede Sattelbildung mit einfachen Mitteln einen neuen Heylandkreis zu zeichnen, aus dem sich dann das zusätzliche Drehmoment bestimmen ließe.

---

[1]) Ohne zusätzliche Verluste.

Jedenfalls ist es unbedingt nötig, nicht nur die Zickzackstreuung klein zu halten und den Hauptfluß groß zu machen, sondern es muß der schädliche Fluß der Zusatzpole nach Möglichkeit verringert werden. Hierzu ist nach Kloss erforderlich, daß im Treppendiagramm die aneinanderstoßenden wirksamen kleinen Überschußflächen möglichst gleich groß werden, in welchem Falle überhaupt nur geringe Teile der Zickzackstreuung in den Läufer eintreten können. Beides kann durch geeignete Wahl der Nutenöffnungen und besonders der Zähnezahl stark beeinflußt werden. Es wächst durch Verringern der Nutenöffnungen [Gleichungen (28) und (29)] beispielsweise nicht nur die Nuten-, sondern auch die Zickzackstreuung [Gleichung (35)]. Der Zusatzfluß braucht aber hiermit nicht zu wachsen, denn bei einem in bezug auf die Nutenöffnungen verhältnismäßig großen Luftspalt geht die Zickzackstreuung in die Zahnkopfstreuung über, die aber für das Schleichen bedeutungslos ist. Dieser Fall kommt beim Asynchronmotor kaum vor, denn bei ihm wird der Luftspalt stets möglichst klein gehalten. Weit wichtiger und fühlbarer ist eine Änderung der Zähnezahlverhältnisse, über deren Einfluß die Treppendiagramme Aufschluß erteilen.

Schon bei den ersten Entwurfsannahmen empfiehlt es sich, Rücksicht auf eine Reihe ungünstiger Zähneverhältnisse zu nehmen.

So zeigen vielfache Erfahrungen, daß eine gleiche oder angenähert gleiche Zähnezahl sowohl im Läufer als auch im Ständer schädlich wirkt. Im ersteren Falle „klebt" der Läufer und läuft überhaupt nicht an; im anderen Falle neigt er zum „Schleichen". Letztere Erscheinung findet eine Erklärung durch die Art des Auftretens der Zickzackstreuung. Bei einer fast gleichen oder mit großen gemeinschaftlichen Teilern behafteten Zahl der Ständer- und Läuferzähne wird durch die an mehreren Stellen gleichzeitige und gleichmäßige Änderung der Zickzackstreuung die Ausbildung starker Zusatzfelder begünstigt. Aus diesem Grunde sind die Zähnezahlen beider Maschinenhälften von vornherein so zu wählen, daß sie gegenseitig stark abweichen und möglichst keinen gemeinschaftlichen Teiler besitzen, also relative Primzahlen sind. Unter Berücksichtigung der Nutenöffnungen dürfen gleichzeitig stets nur wenige Lücken zur Überdeckung gelangen. Unter diesen Umständen werden bei einer allerdings größeren Zusatzpolpaarzahl örtlich nur kleine Zusatzfelder entstehen. Eine Vergrößerung der Anzahl der Zusatzpolpaare ist nicht gefahrdrohend.

Eine unter den geschilderten Gesichtspunkten angestellte Betrachtung des untersuchten Motors zeigt, daß sich die Zähnezahlen verhalten beim Einbau

des Läufers L. VI wie $\frac{Z_1}{Z_2} = \frac{36}{29} = \frac{36}{29}$, also günstig,

„ „ L. IV „ $\frac{Z_1}{Z_2} = \frac{36}{33} = \frac{12}{11}$, also ungünstig,

„ „ L. VII „ $\frac{Z_1}{Z_2} = \frac{36}{36} = \frac{1}{1}$, also ungünstig (klebt),

„ „ L. I „ $\frac{Z_1}{Z_2} = \frac{36}{40} = \frac{9}{10}$, also ungünstig (schleicht),

„ „ L. V „ $\frac{Z_1}{Z_2} = \frac{36}{47} = \frac{36}{47}$, also günstig,

„ „ L. II „ $\frac{Z_1}{Z_2} = \frac{36}{57} = \frac{12}{19}$, also günstig (läuft gut an),

„ „ L. III „ $\frac{Z_1}{Z_2} = \frac{36}{63} = \frac{4}{7}$, also ungünstig (schleicht).

Tritt bei bereits ausgeführten Motoren Schleichen ein, so kann beim Vorhandensein kleiner Sattelbildungen schon durch Abdrehen der Kurzschlußringe, also durch Erhöhung des Läuferwiderstandes, oder Vergrößerung des Luftspaltes, d. h. Umwandlung eines Teiles der Zickzackstreuung in die unschädlichere Form der Zahnkopfstreuung, die unliebsame Erscheinung behoben werden. Bei großen, ausgedehnten Sattlungen hilft dagegen nur das altbekannte Radikalmittel — Aufschneiden der Kurzschlußringe an je p Stellen, die um τ_p gegeneinander versetzt sind. Es findet hierbei eine Umwandlung des Käfigankers in einen Phasenanker statt. Dem Läuferstrom werden jetzt bestimmte Bahnen vorgeschrieben; das Übersetzungsverhältnis erfährt eine Änderung. Das Hochlaufmoment, die Läufererwärmung und die Schlüpfung nehmen infolgedessen andere Werte an, die unter Umständen den abgeänderten Motor für einen bestimmten Zweck unbrauchbar erscheinen lassen können.

Um die Schleichmöglichkeit bereits beim Entwurf auszuscheiden, wird von vielen Autoren als einzig sicher die Ausführung schräger Läufernuten empfohlen. Dieses Verfahren macht den Zusammenbau schwerfällig, und stellt wegen der entstehenden scharfen Zackungen an den Wänden der Nuten große mechanische Anforderungen an die Wicklungsisolation.

Zusammenfassung und Schluß.

Entgegen den bekannten Vorzügen baulicher und wirtschaftlicher Natur haftet den Käfigankermotoren oft der Nachteil eines unsicheren Anlaufes an. Die hierbei auftretenden Störungen können derartige Bedeutung erlangen, daß der Motor auch im unbelasteten Zustand nicht auf die durch Frequenz und Polpaare festgelegte Umlaufzahl kommt, sondern mit großer Beharrlichkeit mit ganz geringer Geschwindigkeit läuft. Diese Erscheinung, die mit Schleichen bezeichnet wird, kann von starken Erschütterungen und lautem Brummen begleitet sein.

Das Schleichen wird durch eine eigentümliche Beeinflussung des mit der Schlüpfung veränderlichen Drehmomentes bedingt, die darin besteht, daß sich dem eigentlichen Hauptmoment zusätzliche Drehmomente überlagern. Hierdurch entstehen an bestimmten Stellen der Drehmomentenlinie Sattelbildungen, die gegebenenfalls das Motordrehmoment derart absenken, daß es kleiner als das entgegenwirkende Moment der Luft- und Lagerreibung wird oder sogar negative Werte annimmt. Es kann dann eine weitere Beschleunigung der drehenden Massen nicht stattfinden, und der Motor ist gezwungen, an dieser Stelle dauernd, d. h. mit kleiner Drehzahl zu laufen. Nicht besonders hierfür berechnete Motoren müssen infolge bedeutender Stromaufnahme durch Verbrennen zugrunde gehen.

Als Ursache des Entstehens übergelagerter Drehmomente wurden von Arnold und Kloss und aufbauend auf die Untersuchungen des letzteren bzw. diese bestätigend auch vom Verfasser zusätzliche Flüsse von verschiedener Herkunft erkannt, die in den kurzgeschlossenen Stäben des Läufers EMK-e beliebiger Frequenz hervorrufen, welche zum Ausgleich kommen. In einer Phasenwicklung finden zusätzliche EMK-e keinen Ausgleich, so daß zusätzliche Drehmomente nicht entwickelt werden. Nur Käfigankermotoren weisen die angeführten, hierfür nötigen Vorbedingungen zum Schleichen auf.

Ein Teil der zusätzlichen Felder kann in einfacher Weise durch Abweichung der aufgedrückten Spannung von der reinen Sinusform bedingt werden. Arnold zerlegt die Spannungslinie in eine Grund- und eine Reihe von Oberwellen, ohne jedoch einen Unterschied zwischen örtlichen und zeitlichen Oberwellen zu machen. Nur die letzteren sind in der Lage zusätzliche EMK-e im Läufer zu erzeugen. Arnolds

Betrachtungen stellen mehr eine allgemeine Beurteilung dar, ohne auf die individuellen Einzelheiten jeder einzelnen Maschine einzugehen. Die wichtigsten Ursachen für das schlechte Anlassen sind durch die Arnoldsche Lehre unberücksichtigt geblieben.

Punga sucht schon, einen großen Schritt weiterkommend, eine Erklärung des Schleichens in Oberfeldern, die durch Verschiedenheit der magnetischen Leitfähigkeit, durch die Nutenöffnungen und die Sättigung der Zahnspitze hervorgerufen werden[1]).

Tiefer in den Gegenstand eindringend, zeigt Kloss, daß die im Luftspalt durch das örtlich nicht genaue Zusammenfallen der gegeneinanderwirkenden Ständer- und Läuferamperewindungsdrücke entstehende Zickzackstreuung Anlaß zu weiteren Sattelbildungen gibt.

Dadurch, daß die Zahl der in einen Zahn ein- bzw. austretenden Zickzackstreuungslinien nicht gleich groß ist, entstehen Zusatzflüsse, die von den gegebenen Verhältnissen der Maschine abhängig und als kleine Zusatzpole zu betrachten sind. Die zusätzliche Polpaarzahl führt zu einer, ihre räumliche Bewegung zu einer anderen Sattelbildung.

Die Klosssche Lehre wird erweitert und findet Bestätigung durch ausgedehnte Versuche an einem Motor mit drei verschieden genuteten Käfigankern. Es werden einige Gleichungen abgeleitet, mit deren Hilfe nach vorhergehender Ermittlung des Zusatzfeldes die Vorausberechnung der synchronen Umlaufzahl mehrerer Drehmomentensattel möglich ist. Die Übereinstimmung von Rechnung und Messung und die Erfassung der Ursache kann als gut bezeichnet werden. Den Einfluß der Zusatzfelder auf die Größe der Sattelspitzenwerte zu ermitteln ist nicht gelungen.

Die Versuche wurden durch stufenweises Abbremsen des Motors unter gleichzeitiger Ablesung des Nutzdrehmomentes, des Ständerstromes, der Spannungen und sonstiger Werte bis nahezu 140 v. H. Schlüpfung ausgedehnt.

Während im Motorgebiet der Maschine die Ursache der Sattelbildungen unmittelbar durch mathematische Überlegungen gewonnen und für die wichtigsten Abweichungen vom üblichen Verlauf der Drehmomentenlinie in der Zusatzfeldbildung und somit der Zickzackstreuung erkannt wurde, ließ sich bei den untersuchten Motoren der bei etwa -100 Uml./Min. liegende bedeutende Sattel nur mittelbar durch Beobachtung der sog. ,,Differenzspannung'' erklären und gleichfalls auf die Zickzackstreuung zurückführen.

Mit Differenzspannung wird der Betrag bezeichnet, um welchen die gemessene Phasenspannung größer ist als der aus der gleichfalls gemessenen verketteten Spannung berechnete Wert. Die Entstehung der Differenzspannung, die eine Zusatzspannung ist, wird auf das Auftreten der von den Zusatzfeldern erzeugten zusätzlichen Läuferströme zurückgeführt. Bedeutende Beträge nimmt die Differenzspannung an, wenn die Zähnezahl des Läufers durch $2p$ teilbar ist. In diesem Falle wirkt die $2p$ mal symmetrisch wiederkehrende Zusatzfeldverteilung wie das Polrad einer Synchronmaschine generatorisch auf den Ständer und erzeugt in dessen Wicklung übergelagerte zusätzliche EMK-e höherer Ordnung, die sich nicht gegenseitig aufheben und bei Sternschaltung der Phasen nur zum Teil einen Ausgleich finden. Der andere Teil macht sich erst beim Vergleich der gemessenen Phasenspannung mit der aus dem verketteten Wert berechneten bemerkbar. Die Differenzspannung ändert sich gesetzmäßig mit der Schlüpfung etwa

---

[1]) Nach Fertigstellung dieser Arbeit, nachdem sie bereits mehr als ein Jahr der Technischen Hochschule Berlin vorgelegen hatte, wurden die Stielschen Forschungsergebnisse bekannt. Stiel schreibt, ähnlich Punga, die zum Schleichen führende Beeinflussung des Drehmomentes in erster Linie dem Ständerzahnfelde zu, das er als Nutungsfeld bezeichnet.

in Art der sekundären Leistungslinie. Die Differenzspannung ist von den Zusatzfeldern bzw. von der Zickzackstreuung abhängig, deren jeweilige Größe durch die Maschinenströme bestimmt wird. Bewegt sich der Läufer annähernd synchron mit einem durch die Zickzackstreuung bedingten Zusatzfelde, so verschwindet im Läufer der betreffende Zusatzstrom. Der Läuferstrom nimmt ab und die Linie der Differenzspannung weist an dieser Stelle eine Absenkung oder einen Sattel auf. Aus dem Vorhandensein eines solchen Sattels in der gemessenen Differenzspannungslinie kann nach dieser Feststellung umgekehrt auf die Entstehungsursache des Drehmomentensattels zurückgeschlossen werden.

Eine volle Erklärung der äußerst verwickelten Erscheinung ist in der vorliegenden Arbeit nicht erreicht, jedoch gelang es, zur Kenntnis des Schleichens einen größeren Beitrag zu liefern.

Die umfassende Vorausberechnung eines einwandfrei anlaufenden Motors dürfte erst dann ermöglicht werden, wenn es mit Hilfe der zusätzlichen Läuferflüsse gelingt, „zusätzliche Heylandkreise" zu zeichnen.

Verzeichnis der benutzten Literatur.

Arnold, Die Wechselstromtechnik, 1902, 5. Bd., 1. Teil, „Die Induktionsmaschine".

Bragstadt, Veit, Sammlung elektrotechnischer Vorträge, 3. Bd., 1902, „Beitrag zur Theorie und Untersuchung von mehrphasigen Asynchronmotoren".

Goldschmidt, Rudolf, Doktordissertation, „Berechnung des Leerlaufstromes und der Streuung von Asynchronmotoren aus ihren Abmessungen".

Görges, E.T.Z., 1896, Heft 33, „Über Drehstrommotoren mit verminderter Tourenzahl".

Heubach, „Der Drehstrommotor".

Punga, E. u. M., 1912, Heft 49, „Über das Anlassen von Drehstrommotoren, spezielle Erscheinungen beim Anlassen".

Kloss, Archiv für Elektrotechnik, 1916, 5. Bd., 3. Heft, „Drehmoment und Schlüpfung des Drehstrommotors".

— E. u. M., Wien, 1910, Heft 43.

— Vorlesungen an der Technischen Hochschule zu Charlottenburg.

Weidig, Doktordissertation, 1912, „Die Wechselstrominduktionsmaschine mit einachsiger Wicklung".

MIX
Papier aus verantwortungsvollen Quellen
Paper from responsible sources
FSC® C105338

If you have any concerns about our products,
you can contact us on
ProductSafety@springernature.com

In case Publisher is established outside the EU,
the EU authorized representative is:
**Springer Nature Customer Service Center GmbH
Europaplatz 3, 69115 Heidelberg, Germany**

Printed by Libri Plureos GmbH
in Hamburg, Germany